趣味发明与实践

QUWEIFAMINGYUSHIJIAN

青少年 科技知识博览

KEJIZHISHIBOLAN

刘勃含◎编著

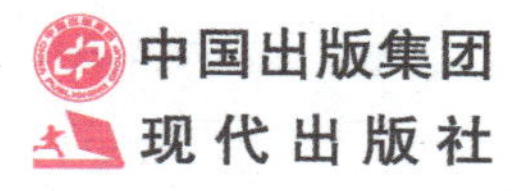
中国出版集团
现代出版社

图书在版编目（CIP）数据

科技知识博览 / 刘勃含编著 . —北京：现代出版社，2012. 12（2024.12重印）

ISBN 978 - 7 - 5143 - 0951 - 5

Ⅰ. ①科… Ⅱ. ①刘… Ⅲ. ①科学技术 - 青年读物 ②科学技术 - 少年读物 Ⅳ. ①N49

中国版本图书馆 CIP 数据核字（2012）第 275223 号

科技知识博览

编　　著　刘勃含
责任编辑　刘　刚
出版发行　现代出版社
地　　址　北京市朝阳区安外安华里 504 号
邮政编码　100011
电　　话　010 - 64267325　010 - 64245264（兼传真）
网　　址　www. xdcbs. com
电子信箱　xiandai@ cnpitc. com. cn
印　　刷　唐山富达印务有限公司
开　　本　710mm × 1000mm　1/16
印　　张　12
版　　次　2013 年 1 月第 1 版　2024 年 12 月第 4 次印刷
书　　号　ISBN 978 - 7 - 5143 - 0951 - 5
定　　价　57. 00 元

前 言

人类是自然的婴儿，从蹒跚学步开始，自然就不断地将自己的秘密展示给人类，人类也在对自然的探索和求证中不断地认识世界和自我。

从使用火、制造简单的工具开始到人造卫星、火箭上天，人类在经历了几千年的孜孜以求的探索中，丰富了自己，改变了世界。人类的科技史就是人类认识世界和自我的探索史。

今天我们人类生活在高度物质文明的社会中，衣食住行丰富有序，生活极其方便，充分享受着现代高科技成果，科技改变着我们的生活。

但是当今有些青少年朋友在学习自然科学的时候，总是提不起兴趣。这是为什么呢？究其原因，学习方法不对，挫伤了学习的积极性。

很多青少年朋友将学习等同于读书，认为只要把书读透了，就掌握了相应的知识。所谓“书读百遍，其义自见！”这句名言看起来非常有道理，但如果用书读百遍的方法来学习自然科学，恐怕只会吃力不讨好。自然科学是实验的科学，只有自己动手，才能真切体验其中的自然规律，进而引起思考，牢固掌握书里书外的知识！

17 世纪到 20 世纪初的牛顿、瓦特、伽利略、麦克斯韦、诺贝尔、爱迪生等一大批从科技实验活动中走出的科学家创造了西方现代工业文明，让我们几千年璀璨的中华文明黯然失色。现在的欧美国家的家庭更是为孩子从小就建立了工具室、实验室等孩子动手和实验的场所，让孩子从小在动手过程中思考，思考过程中动手，提高孩子解决问题的能力和创新能力。欧美的发达不在于他们比我们聪明，而在于其在一定的理论基础上敢于试一试的精神。

我们的国家要更发达，青少年要成才，也必须从科技活动开始。

在实施素质教育的今天，教育的目的不仅是传授给学生知识，更主要的是培养学生的实际动手能力，以便使学生获得生动的感性认识。通过自己动手做大量实验，培养了青少年运用已有知识和能力去观察问题、分析解决问题，从而主动获得知识，进一步提高青少年的认识水平和动手能力。

为此，我们组织编写了这本《科技知识博览》，其内容既包括物理中的力学、热学、光学和电磁学等知识，也包括化学和生物学知识，还包括天文现象的观测，通俗易懂，同时配有大量相关插图，增强了可读性。本书既可以作为一般科普读物，又可以作为科技活动的参考书。希望广大青少年朋友在阅读本书后，能够体会到自然科学的魅力，养成自己动手、独立思考的好习惯！

当然，由于编者水平有限，书中难免出现错讹之处，真诚希望读者朋友批评指正。

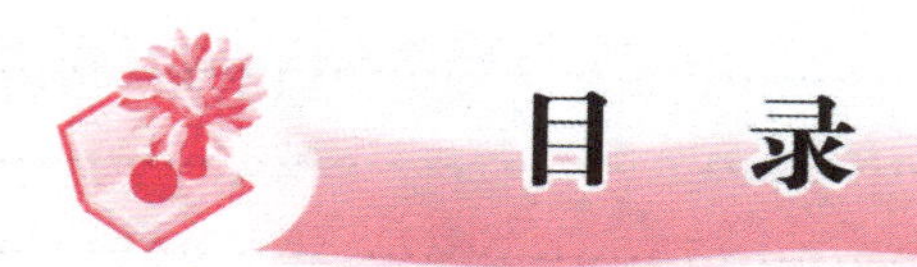

理化实验活动必知

生物科技活动必知

天文观测活动必知

科技模型制作必知

理化实验活动必知

实验是物理学和化学的基础，是培养青少年观察、动手、思维能力的重要手段，是完成教学活动必不可少的环节。理化实验对于建立物理、化学基本概念和基本理论的理解有着不可取代的作用，更有助于青少年的成才，推动社会的发展。例如，爱迪生的母亲为11岁儿子在自家地窖里建了“实验室”。谁能想到，爱迪生就从这里起步，成为世界闻名的大发明家。

有些青少年对物理、化学实验抱有消极态度，一些人认为，只要了解了实验结果就足矣，不用重视自己动手实验能力的培养。记住结果固然重要，但更重要的还是要靠青少年自己努力，靠自己通过动脑动手去实践。在实验过程中，你会产生一些疑问，从而产生探究为什么会这样的心理，这不仅能有效地提升学习质量，还能有力地推动青少年科学素质的培养和深化。

物理实验常用方法

1. 放大法：在现象、变化、待测物理量十分微小的情况下，往往采用放大法。根据实验的性质和放大对象的不同，放大所使用的物理方法也各异。

（1）累积放大：回旋加速器就是利用了累积放大的原理，电子每通过加速器半圆的出口进行一次加速，使电子的能量不断增加，电子的速度不断增加，即动能不断增加。

将微小量累积后测量求平均的方法，能减小相对误差。实验中也经常涉及这一方法。例如，在“用单摆测定重力加速度实验”中，需要测定单摆周期，用秒表测一次全振动的时间误差很大，于是采用测量 30～50 次全振动的时间 t，从而求出单摆的周期 $T=t/n$（n 为全振动次数）。又如在“测定金属电阻率的实验”中，若没有螺旋测微器时，也可把金属在铅笔上密绕若干圈，由线圈总长度来测出金属丝的直径。

（2）机械放大：机械放大是最直观的一种放大方法，例如利用游标可以提高测量的细分程度；螺旋测微原理也是一种机械放大，将螺距（螺旋进一圈的推进距离）通过螺母上的圆周来进行放大。

（3）电信号的放大：例如三极管常用作放大器。常常把其他物理量转换成电信号放大以后再转回去（如压电转换、光电转换、电磁转换等）。许多电表如电流表、电压表是利用一根较长的指针把通电后线圈的偏转角显示出来。

（4）光学放大：在卡文迪许扭秤实验中其测定万有引力恒量的思路最后转移到光点的移动，以及库仑静电力扭秤实验都是将微小形变放大的方法的具体应用。

2. 转换法：某些物理量不容易直接测量，或某些现象直接显示有困难，可以采取把所要观测的变量转换成其他变量（力、热、声、光、电等物理量）的相互转换进行间接观察和测量。

在卡文迪许利用扭秤装置测定万有引力恒量的实验中，其基本的思维方法便是等效转换。卡文迪许扭秤发生扭转后，引力对 T 形架的扭转力矩与石英丝由于弹性形变产主的扭转力矩就是等效转换，间接地达到了无法达到的目的。本实验中转换法还应用于石英丝扭转角度的测量上，这个角度不是直接测出的，而是利用平面镜反射光在刻度尺上移动的距离间接测出的。

转换法是一种较高层次的思维方法，是在对事物本质深刻认识的基础上才产生的一种飞跃，如变曲为直实际上就是该方法的应用。各物理量之间存在着千丝万缕的联系，它们相互关联、相互依存，在一定的条件下亦可相互转化。

因而，寻求物理量之间的关系，是探索物理学奥秘的主要方法之一，也是物理学中常见的课题。当人们了解了物理量之间的相互关系和函数形式时，就可以将一些不易测量的物理量转化成可以（或易于）测量的物理量来进行测量，此即转换测量法，它是物理实验中常用的方法之一。把不可测的量转换成可测的量。在设计和安排实验时，当预先估计不能达到要求时，常常另辟新径，把一些不可测量的物理量转换成可测量的物理量。

3. 理想化法：影响物理现象的因素往往复杂多变，实验中常可采用忽略某些次要因素或假设一些理想条件的办法，以突出现象的本质因素，便于深入研究，从而取得实际情况下合理的近似结果。

例如在“用单摆测定重力加速度”的实验中，假设悬线不可伸长，悬点的摩擦和小球在摆动过程中的空气阻力不计；在电学实验中把电压表变成内阻是无穷大的理想电压表，电流表变成内阻等于0的理想电流表等等实际都采用了理想化法。

4. 平衡法：物理学中常常利用一个量的作用与另一个（或几个）量的作用相同、相当或相反来设计实验，制作仪器，进行测量。

例如测量中的基本工具弹簧秤的设计是利用了力的平衡，天平的设计是根据力矩的平衡；温度计是利用了热的平衡。

5. 控制变量法：在物理实验中，往往存在着多种变化的因素，为了研究它们之间的关系可以先控制一些量不变，依次研究某一个因素的影响。

最典型的例子是验证牛顿第二运动定律的实验，我们研究的方法是：先保持物体的质量一定，研究加速度与力的关系；再保持力不变研究加速度与质量的关系，最后综合得出物体的加速度与它受到的合外力及物体质量之间的关系。

6. 留迹法：有些物理现象瞬间即逝，如运动物体所处的位置，轨迹或图像等，设法记录下来，以便从容地测量、比较和研究。

例如：在“测定匀变速直线运动的加速度”“验证牛顿第二运动定律”“验证机械能守恒定律”等实验中，就是通过纸带上打出的点记录下小车（或重物）在不同时刻的位置（位移）及所对应的时刻，从而可从容地计算出小车在各个位置或时刻的速度并求出加速度；对于简谐运动，则是通过摆动的漏斗漏出的细沙落在匀速拉动的硬纸板上而记录下各个时刻摆的位置，从而很方便地研究简谐运动的图像；又如利用闪光照相记录自由落体运动的轨迹等实验，都采用了留迹法。

7. 模拟法：有时受客观条件限制，不能对某些物理现象进行直接实验和测量，于是就人为地创造一定的模拟条件，在这样模拟的条件下进行实验。

例如在“电场中等势线的描绘”实验中，因为对静电场直接测量很困难，故采用易测量的电流场来模拟。又如在确定磁场中磁感线的分布，因为磁感线实际不存在，我们就用铁屑的分布来模拟磁感线的形状。

知识点

三极管

三极管又称“晶体三极管”或“晶体管”。在半导体锗或硅的单晶上制备两个能相互影响的PN结，组成一个PNP（或NPN）结构。中间的N区（或P区）叫基区，两边的区域叫发射区和集电区，这三部分各有一条电极引线，分别叫基极B、发射极E和集电极C，是能起放大、振荡或开关等作用的半导体电子器件。

延伸阅读

物理学的核心理论

物理学的论题涵盖了广泛的自然现象，从微乎其微的基本粒子（像夸克、中微子、电子）到庞大无比的超星系团。

在物理学里，很多千变万化、无奇不有的现象，都可以用更简单的现象来做合理的描述与解释。物理学致力于追根究底，发掘可观测现象的根本原因，并且试图寻觅这些原因的任何连结关系。

物理学是一门基础科学，研究主宰这些自然现象的基本定律是个很重要的目标。许多其他学术领域，像化学、生物学、地质学、工程学等等，所涉及的物质系统都遵守物理定律。

尽管物理学的研究范围十分广泛，对应的理论也很众多。但是，科学家认为有一些理论是最基本的，其正确性也已被学术界普遍地接受。这些理论是物理学的中心学说和基础理论，也是一个物理学家必须融会贯通的知识。

例如，经典力学的理论准确地描述了尺寸超大于原子、速度超小于光速的物体运动。现今，这些理论仍旧是很热门的研究领域；又如，20 世纪后半期，学者发现了混沌，经典力学的一门很值得注意的理论，整整在艾萨克·牛顿《自然科学的数学原理》之后三个世纪才横空出世。

这些核心理论大致包括于经典力学、量子力学、热力学、统计力学、电磁学、相对论等等基础物理学领域，是研究更特别问题的重要工具。任何物理学家，不论他或她的专长领域如何，都需要熟读精通这些理论。

物理实验基本操作

在物理实验中调整和操作技术十分重要。合理的调整和正确操作对提高实验结果的准确度有直接影响。对某一实验具体使用的仪器的调整和操作将在以后有关实验中介绍。本节介绍一些最基本的且具有普遍意义的调整操作技术。

1. 零位调整

许多仪器由于装配不当或由于长期使用和环境变化等原因，其零位往往已发生偏离。因此在使用前都须校正零位。有一类仪器配有零位校准器，如电表等，可直接调整零位；另有一类仪器不能或不易校正零位，如螺旋测微器等，则可在使用前记下零位

电流表

读数，以便在测量值中加以修正。

2. 水平、铅直调整

在实验中常需对仪器进行水平和铅直调整，如仪器工作台的水平或立柱需保持铅直等。调整时可利用水平仪和悬垂进行。一般说来需要调整水平或铅直的实验装置和水平工作台在底座都装有3个调节螺钉。3个螺钉的连线成正三角形或等腰三角形。调整时，首先将水平仪放在与2、3连线平行的*AB*方向上，调整螺钉2（或3），使2、3连线方向处于水平方向；然后再将水平仪置于与*AB*垂直的*CD*方向，调节螺钉1，使工作台大致在一个水平面上；由于调整时3个螺钉作用的相互影响，故这种调节须反复进行，直到达到满意程度。

3. 消除读数装置的空程误差

许多仪器（如测微目镜、读数显微镜等）的读数装置都由丝杠—螺母的螺旋机构组成。在刚开始测量或开始反向移测时，丝杠须转动一定的角度才能与螺母啮合，由此引起的虚假读数，称为空程误差（这种空程误差会由于空程的累积而加大，如迈克尔孙干涉仪的读数机构）。为了消除空程误差，使用时除了一开始就要注意排除空程外，还须保持整个读数过程沿同一方向行进。

4. 仪器的初态和安全位置

许多仪器在正式实验操作前，需要处于正确的“初态”和“安全位置”，以便保证实验顺利进行和仪器使用安全。

光学仪器中有许多调节螺钉，如迈克耳孙干涉仪动镜和定镜的调节螺钉和光学测角仪中望远镜的俯仰角调节螺钉等，在调整这些仪器前，应先将这些调整螺钉处于适中状态，使其具有足够的调整量。在使用移测显微镜前也应使显微镜处于主尺的中间位置。

在电学实验中则需要考虑一个安全位置。例如连好线路而未合开关接通电源前，应使电源处于最小电压输出位置，使滑动变阻器组成的制流电路处于电路电流最小状态和组成的分压电路处于电压分担最小状态；电路平衡调

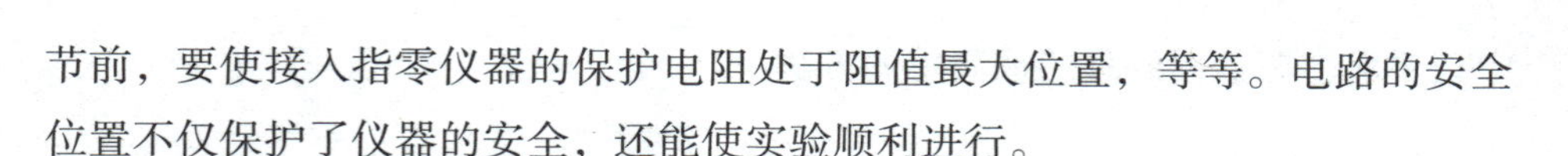

节前，要使接入指零仪器的保护电阻处于阻值最大位置，等等。电路的安全位置不仅保护了仪器的安全，还能使实验顺利进行。

5. 逐次逼近调整

“反向逐次逼近”调节法是使仪器装置较快调整到规定状态的一种方法。可在天平、电桥、电位差计等平衡调节中应用，也可在光路共轴调整、分光计调整中应用。例如，输入量为 x_1 时，指零器左偏若干格，输入第二个量 x_2 时应使指零器右偏若干格，这样就可以判定指零的平衡位置对应的输入量 x 应在 $x_1 < x < x_2$ 范围内。然后输入 x_3（$x_2 < x_3 < x_1$），x_3 的大小约为 $x_1 - \frac{x_1 - x_2}{3}$，再输入 x_4（$x_2 < x_4 < x_3$），x_4 大小约为 $x_2 + \frac{x_3 - x_2}{3}$。如此反向逐次逼近就会很快找到平衡点。

6. 消视差调节

在光学实验中，像与叉丝（或分划板标尺）不在一个平面上的情况经常出现。此时，若眼睛在观察位置左右或上下移动，则可见像和叉丝的相对位置也随之变动，这就是视差现象。如同日常用尺量物，尺和物必须贴紧才能测量准确的道理一样，在光路中为了准确定位和测量，必须把像与叉丝或分划板标尺调到一个平面上，即作消视差调节。

在比较像与叉丝二者离眼睛的远近时，可据下述实验规律作出判断：把自己左右手的食指伸直，一前一后立在视平线附近，眼睛左右移动时即可看出，离眼近者，其视位置变动与眼睛移动方向相反，而离眼远者，其视位置变动与眼睛移动方向相同。

常用仪表的指针与标尺之间总会有一段小距离，应尽量在正视位置读数。有些表盘上安装平面镜，用以引导正确的视点位置，从而减小视差，使读数更准确。

实验数据处理

数据处理是对原始实验记录的科学加工。通过数据处理，往往可以从一堆表面上难以觉察的、似乎毫无联系的数据中找出内在的规律，在中学物理中只要求掌握数据处理的最简单的方法。

1. 列表法

把被测物理量分类列表表示出来。通常需说明记录表的要求（或称为标题）、主要内容等。表中对各物理量的排列习惯上先原始记录数据，后计算结果。列表法可大体反映某些因素对结果的影响效果或变化趋势，常用作其他数据处理方法的一种辅助手段。

2. 算术平均值法

把待测物理量的若干次测量值相加后除以测量次数。必须注意，求取算术平均值时，应按原测量仪器的准确度决定保留有效数字的位数。通常可先计算比直接测量值多一位，然后再四舍五入。

3. 图像法

把实验测得的量按自变量和因变量的函数关系在坐标平面上用图像直观地显示出来。根据实验数据在坐标纸上画出图像。最基本的要求是：

（1）两坐标轴要选取恰当的分度。

（2）要有足够多的描点数目。

（3）画出的图像应尽量穿过较多的描点，在图像呈曲线的情况下，可先根据大多数描点的分布位置（个别特殊位置的奇异点可舍去），画出穿过尽可能多的点的草图，然后连成光滑的曲线，避免画成折线形状。

实验误差分析

测量值与待测量真实值之差，称为测量误差。主要来源于仪器（如性能和结构的不完善）、环境（如温度、湿度、外磁场的影响等）、实验方法（如实验方法粗糙、实验理论不完善等）、人为因素（如观测者个人的生理、心理习惯、不同观察者的反应快慢不一等）四方面。

知识点

迈克尔孙干涉仪

迈克尔孙干涉仪，是1883年美国物理学家迈克尔孙和莫雷合作，为研究“以太”漂移而设计制造出来的精密光学仪器。它是利用分振幅法产生双光束以实现干涉。通过调整该干涉仪，可以产生等厚干涉条纹，也可以产生等倾干涉条纹。主要用于长度和折射率的测量。

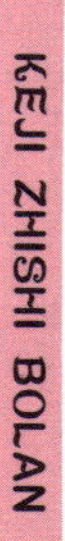

延伸阅读

实验物理的重要性

物理学一词早先是源于希腊文，意为自然。其现代内涵是指研究物质运动最一般规律及物质基本结构的科学。物理学是实验科学，凡物理学的概念、规律及公式等都是以客观实验为基础的。因此物理学绝不能脱离物理实验结果的验证，实验是物理学的基础。实验是有目的地去尝试，是对自然的积极探索。科学家提出某些假设和预见，为对其进行证明，筹划适当的手段和方法，根据由此产生的现象来判断假设和预见的真伪。因此科学实验的重要性是不言而喻的，其中物理实验自然也雄居要位。

当代最为人们注目的诺贝尔奖，宗旨是奖给有最重要发现或发明的人。因此，诺贝尔物理学奖标志着物理学中划时代的里程碑级的重大发现和发明。从1901年第一次授奖至今有百年的历史，已有得主近150名。其中主要以实验物理学方面的发现或发明而获奖者约占73%强。

在实验物理学方面取得伟大成功者：

1901年首届诺贝尔物理学奖得主德国人伦琴，为奖励他于1895年发现X射线。

1902年的得主是荷兰人塞曼，奖励他在1894年发现光谱线在磁场中会分裂的现象。

1903 年的得主是德国人贝可勒尔和居里夫妇等三人，奖励他们发现了天然放射性，他们由此成为核物理学的奠基人。

理论上美妙的假设或推理，要成为被公认的物理规律，必须有实验结果的验证。

1895 年伦琴在实验上发现了新的电磁辐射，被称为 X 射线。X 射线的发现进一步推动了气体中电传导的研究，汤姆生说明了被 X 射线照射和气体导电性是由于气体带有电荷—引起分子电离，这给洛伦兹创立电子理论提供了实验基础，而电子理论又给光谱线在磁场中会分裂这一事实以理论解释，这一连串的事实关系就表明了实验物理和理论物理之间的密切关系和相互激励而共同推进物理学的发展进程。

整个物理学的发展史是人类不断深刻了解自然、认识自然的历史进程。实验物理和理论物理是物理学的两大分支，实验事实是检验物理模型确立物理规律的终审裁判，理论物理与实验物理相辅相成，互相促进，恰如鸟之双翼，人之双足，缺之不可。物理学正是靠着实验物理和理论物理的相互配合激励、探索前进，而不断向前发展的。在物理学的发展过程中，这种相互促进、相互激励、相互完善的过程的实例是数不胜数的。

力学实验基础

长度测量器具

长度测量是最基本的测量，除用图形和数字显示的仪器外，大多数测量仪器都要转化为长度（包括弧长）显示。因而能正确测量长度，快捷准确地读各种分度尺是实验工作的最基本技能之一。

实验中常用的长度测量器具有米尺（钢直尺、钢卷尺）、游标卡尺、螺旋测微器、移测显微镜和测微目镜等。

1. 米尺

在准确度要求不高的场合，可以使用木制或塑料米尺。实验室中一般使用比较准确的钢直尺和钢卷尺。它们的分度值为 1 毫米，测量时常可估读到 0.1 毫米。为了避免米尺端面磨损引起的零位误差，一般不使用米尺的端面作为测量起点，而是选择米尺上的某一刻度作为起点，测量时应把米尺的刻度面与待测物体贴紧（处在同一平面内），以尽量减小读数视差引起的测量误差。

根据国标 GB9056—88 规定，钢直尺的示值误差限 Δ = （0.05 + 0.015L）毫米。式中，L 是以米为单位的长度值，当长度不是米的整数倍时，取最接近的较大整数倍。

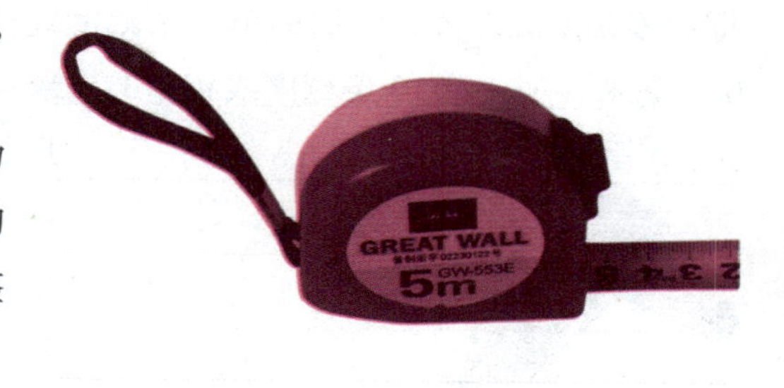

卷　尺

使用钢卷尺测量时，其示值误差限可按国标 GB10633—89 的规定计算。自零点端起到任意线纹的示值误差限为

Ⅰ级 Δ = （0.1 +0.1L）毫米

Ⅱ级 Δ = （0.3 +0.2L）毫米

式中：L 是以米为单位的长度值，当长度不是米的整数倍时，取接近的较大的整数倍。

实际上，在使用钢直尺和钢卷尺测量长度（或距离）时，常常由于尺的纹线与被测长度的起点和终点对准（瞄准）条件不好，尺与被测长度倾斜以及视差等原因而引起的测量不确定度要比尺本身示值误差限引入的不确定度更大些。因而常需要根据实际情况合理估计测量结果的不确定度。

2. 游标卡尺

为了克服使用钢直尺测量时与工件比齐和小数位估读的困难，人们设计了游标卡尺。

游标卡尺是工业上常用的测量长度的仪器，它由尺身及能在尺身上滑动的游标组成。若从背面看，游标是一个整体。游标与尺身之间有一弹簧片（图中未能画出），利用弹簧片的弹力使游标与尺身靠紧。游标上部有一紧固螺钉，可将游标固定在尺身上的任意位置。尺身和游标都有量爪，利用内测量爪可以测量槽的宽度和管的内径，利用外测量爪可以测量零件的厚度和管的外径。深度尺与游标尺连在一起，可以测槽和筒的深度。

尺身和游标尺上面都有刻度。以准确到0.1毫米的游标卡尺为例，尺身上的最小分度是1毫米，游标尺上有10个小的等分刻度，总长9毫米，每一分度为0.9毫米，比主尺上的最小分度相差0.1毫米。量爪并拢时尺身和游标的零刻度线对齐，它们的第一条刻度线相差0.1毫米，第二条刻度线相差0.2毫米，…，第10条刻度线相差1毫米，即游标的第10条刻度线恰好与主尺的9毫米刻度线对齐。

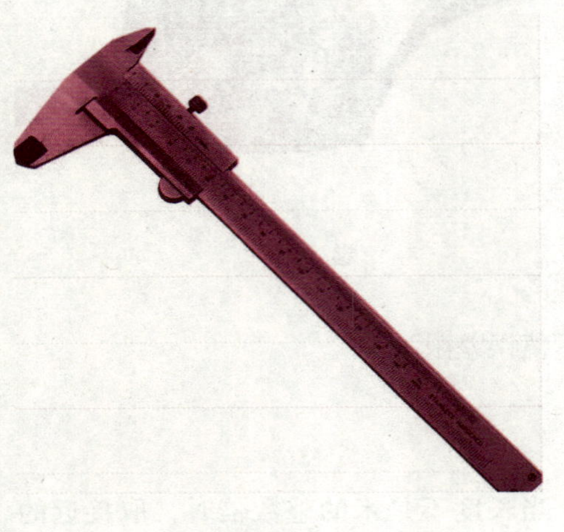
游标卡尺

当量爪间所量物体的线度为0.1毫米时，游标尺向右应移动0.1毫米。这时它的第一条刻度线恰好与尺身的1毫米刻度线对齐。同样当游标的第五条刻度线跟尺身的5毫米刻度线对齐时，说明两量爪之间有0.5毫米的宽度，…，依此类推。

在测量大于1毫米的长度时，整的毫米数要从游标“0”线与尺身相对的刻度线读出。

注意事项：

（1）游标卡尺是比较精密的测量工具，要轻拿轻放，不得碰撞或跌落地下。使用时不要用来测量粗糙的物体，以免损坏量爪，避免与刃具放在一起，以免刃具划伤游标卡尺的表面，不使用时应置于干燥中性的地方，远离酸碱性物质，防止锈蚀。

（2）测量前应把卡尺揩干净，检查卡尺的两个测量面和测量刃口是否平直无损，把两个量爪紧密贴合时，应无明显的间隙，同时游标和主尺的零位刻线要相互对准。这个过程称为校对游标卡尺的零位。

（3）移动尺框时，活动要自如，不应有过松或过紧，更不能有晃动现象。用固定螺钉固定尺框时，卡尺的读数不应有所改变。在移动尺框时，不要忘记松开固定螺钉，亦不宜过松以免掉了。

（4）当测量零件的外尺寸时：卡尺两测量面的联线应垂直于被测量表

面，不能歪斜。测量时，可以轻轻摇动卡尺，放正垂直位置；先把卡尺的活动量爪张开，使量爪能自由地卡进工件，把零件贴靠在固定量爪上，然后移动尺框，用轻微的压力使活动量爪接触零件。如卡尺带有微动装置，此时可拧紧微动装置上的固定螺钉，再转动调节螺母，使量爪接触零件并读取尺寸。决不可把卡尺的两个量爪调节到接近甚至小于所测尺寸，把卡尺强制地卡到零件上去。这样做会使量爪变形，或使测量面过早磨损，使卡尺失去应有的精度。

（5）用游标卡尺测量零件时，不允许过分地施加压力，所用压力应使两个量爪刚好接触零件表面。如果测量压力过大，不但会使量爪弯曲或磨损，且量爪在压力作用下会产生弹性变形，使测量得的尺寸不准确（外尺寸小于实际尺寸，内尺寸大于实际尺寸）。

（6）在游标卡尺上读数时，应把卡尺水平地拿着，朝着亮光的方向，使人的视线尽可能和卡尺的刻线表面垂直，以免由于视线的歪斜造成读数误差。

（7）为了获得正确的测量结果，可以多测量几次。即在零件的同一截面上的不同方向进行测量。对于较长零件，则应当在全长的各个部位进行测量，务使获得一个比较正确的测量结果。

3. 螺旋测微器（千分尺）

螺旋测微器是又一种常用的精密测长量具。这种量具的种类很多，按用途分为外径千分尺、内径千分尺、深度千分尺等。此外在不少测量仪器中也利用这种螺旋测微装置作为仪器的读数机构，如移测显微镜、测微目镜等。

螺旋测微器又称千分尺、螺旋测微仪、分厘卡，是比游标卡尺更精密的测量长度的工具，用它测长度可以准确到0.01毫米，测量范围为几个厘米。

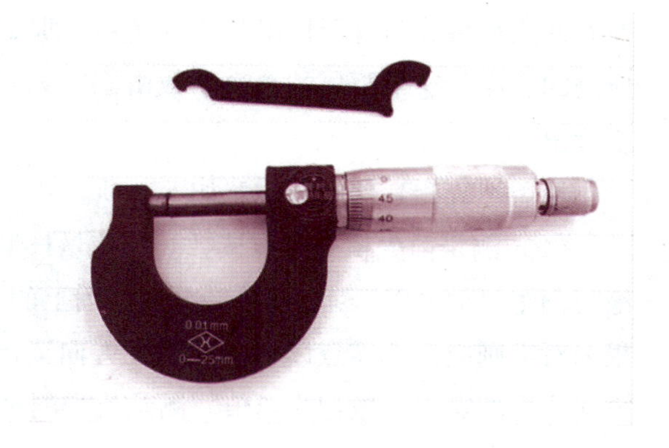

螺旋测微器

螺旋测微器分为机械式千

分尺和电子千分尺两类。

机械式千分尺，简称千分尺，是利用精密螺纹原理测长的手携式通用长度测量工具。1848 年，法国的 J. L. 帕尔默取得外径千分尺的专利。1869 年，美国的 J. R. 布朗和 L. 夏普等将外径千分尺制成商品，用于测量金属线外径和板材厚度。

千分尺的品种很多。改变千分尺测量面形状和尺架等就可以制成不同用途的千分尺，如用于测量内径、螺纹中径、齿轮公法线或深度等的千分尺。

电子千分尺，也叫数显千分尺，测量系统中应用了光栅测长技术和集成电路等。电子千分尺是 20 世纪 70 年代中期出现的，用于外径测量。

螺旋测微器是依据螺旋放大的原理制成的，即螺杆在螺母中旋转一周，螺杆便沿着旋转轴线方向前进或后退一个螺距的距离。因此，沿轴线方向移动的微小距离，就能用圆周上的读数表示出来。螺旋测微器的精密螺纹的螺距是 0.5 毫米，可动刻度有 50 个等分刻度，可动刻度旋转一周，测微螺杆可前进或后退 0.5 毫米，因此旋转每个小分度，相当于测微螺杆前进或退后 0.5/50 = 0.01 毫米。可见，可动刻度每一小分度表示 0.01 毫米，所以螺旋测微器可准确到 0.01 毫米。由于还能再估读一位，可读到毫米的千分位，故又名千分尺。

测量时，当小砧和测微螺杆并拢时，可动刻度的零点若恰好与固定刻度的零点重合，旋出测微螺杆，并使小砧和测微螺杆的面正好接触待测长度的两端，注意不可用力旋转，否则测量不准确，马上接触到测量面时慢慢旋转左右面的小型旋钮直至传出咔咔的响声，那么测微螺杆向右移动的距离就是所测的长度。这个距离的整毫米数由固定刻度上读出，小数部分则由可动刻度读出。

使用螺旋测微器时应注意如下事项。

（1）测量前先检查零点读数。当使量杆 B 和量砧 A 并合时，微分筒的边缘对到主尺的“0”刻度线且微分筒圆周上的“0”线也正好对准基准线。如果未对准则应记下零点读数。顺刻度方向读出的零点读数记为正值，逆刻度方向读出的零点读数记为负值。测量值为测量读数值减去零点读数值。

（2）螺旋测微器主尺分度值为 0.5 毫米。所以在读数时要特别注意半毫米刻度线是否露出来。

（3）不论是读取零点读数或夹持物体测量时，都不准直接旋转微分筒，必须利用尾钮带动微分筒旋转，尾钮中的棘轮装置可以保证夹紧力不会过大。否则不仅测量不准，还会夹坏待测物或损坏螺旋测微器的精密螺旋。

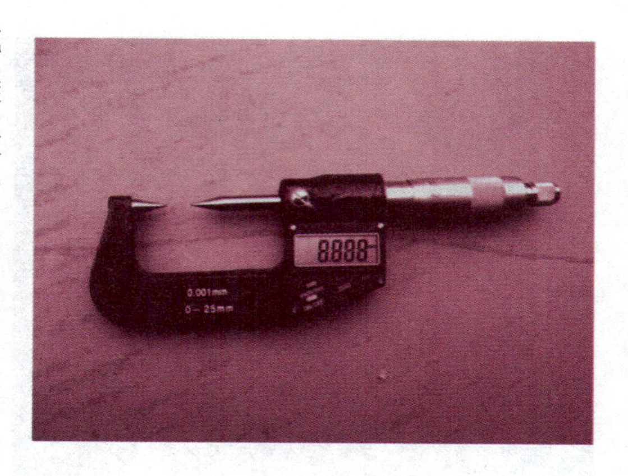

电子千分尺

（4）螺旋测微器用毕后，在测量杆和测量砧之间要留有一定的间隙，以免测量杆受热膨胀，而损坏螺旋测微器。实验室通常使用量程为 0～25 毫米的一级螺旋测微器，分度值为 0.01 毫米，示值误差限为 0.004 毫米。

计时器

时间概念一般有两个含义：①指时间间隔；②指某一时刻。所谓时间间隔是指两个先后发生的事件之间延续的时间长短；所谓某一时刻是指连续流逝的时间长河中的某一瞬时。

为了计量时间，可以选定某一周期性重复的运动过程作为参考标准，把其他物质的运动过程与这个选定的标准进行比较，判定各个事件发生的先后顺序及运动过程的快慢程度。

所选定的周期性运动过程应具备运动周期稳定、易于观测和复现的特点。实验室常用的计时器有停表、数字计时器、数字频率计、示波器以及火花计时器、频闪仪等。

1. 机械停表

机械停表是由频率较低的游丝摆轮振动系统通过发条和锚式擒纵机构补充能量，以齿轮系统带动指针显示分秒，并设有专门的启动停止机构。一般停表的表盘最小分度为 0.1 秒或 0.2 秒，测量范围是 0～15 分或 0～30 分。有的停表还有暂停按钮，可以用来进行累积计时。

使用停表进行计时测量所产生的误差应分两种情况考虑。

机械停表

（1）短时间测量（几十秒以内），其误差主要来源于启动、制动停表时的操作误差。其值约为 0.2 秒，有时还会更大些。

（2）长时间测量，测量误差除了掐表操作误差外，还有停表的仪器误差。实验前可以用高精度计时仪器，如数字毫秒计等对停表进行校准。

由于停表的机械很精细，结构也很脆弱，因此使用时要求十分细心，以保持它的精度，延长使用寿命。

2. 电子停表

电子停表的机芯由电子元件组成，利用石英振荡频率（32 768Hz）作为时间基准，采用六位液晶数字显示器显示时间，它兼有连续计时（怀表）和测量时间间隔（停表）的功能。连续计时能显示出月、日、星期、时、分、秒。做停表用时有 1/100 秒计时的单针停表和双针停表功能。

质量测量仪器

质量是描述物体本身固有性质的物理量。这种性质可以从两个不同的角度来阐明。从物体惯性角度来说明质量，称为惯性质量；从两物体存在相互吸引力的角度来说明质量，则称为引力质量。实验证明物体的惯性质量和引力质量的量值相等。

测量物体的质量也有基于“惯性”和基于“引力”两种不同的方法。从惯性角度，物体的质量是作用在该物体上的力与物体在此力作用下所获得的加速度的比率。将一个已知的力作用在一个物体上，测出该物体的加速度，就可以求出物体的质量，这种方法常用在不能用天平称衡的领域，如天体和微观粒子的质量。从引力角度，就是通常所使用的利用等臂天平将一物体与另一质量已知的物体相比较，它能精确测定两物体质量相等。而这所谓质量已知的物体就是通过严密的量值传递系统而与质量计量基准相联系的质量标准，即砝码。

1. 质量的计量基准

质量在国际单位制（SI）中的单位为千克，用以体现这一单位量值的实物就是质量计量基准。质量计量基准是一个用90%铂和10%铱的铂铱合金制成的圆柱体，它的直径和高都是39毫米。这个质量计量基准称为国际千克原器，保存在法国巴黎的国际计量局。国际千克原器是目前国际单位制（SI）的7个基本单位中，唯一的一个仍然使用的人为实物基准。

国际千克原器

2. 天平和砝码

天平按其称衡精确程度分为物理天平和分析天平两类。分析天平又分为摆动式、空气阻尼式和光电读数式等。

（1）天平的结构

天平是一种等臂杠杆装置，横梁上有3个刀口，两侧刀口向上，用以承挂左右秤盘，而中间刀口则搁置在立柱上部的刀承平面上。横梁中间装有一根指针。当横梁摆动时，通过指针尖端在立柱下部的标尺上所指示的读数，可以指示左右秤盘上待测物体的质量和砝码质量间的平衡状态。为了保护天平的刀口，在立柱内装有制动器，旋转立柱下部的制动钮，可使刀承平面上下升降。

在不使用天平时或在称衡过程中添加砝码时，应处于制动状态。这时刀承面降下，使横梁放置在立柱两旁的支架上，以保护刀口。只有在称衡过程中考察天平是否平衡时才支起横梁。横梁两端有调节空载平衡用的配重螺母，横梁上有放置旋码的分度标尺。

天平立柱固定在稳固的底盘上，并设有铅垂或水准器，以检验天平立柱

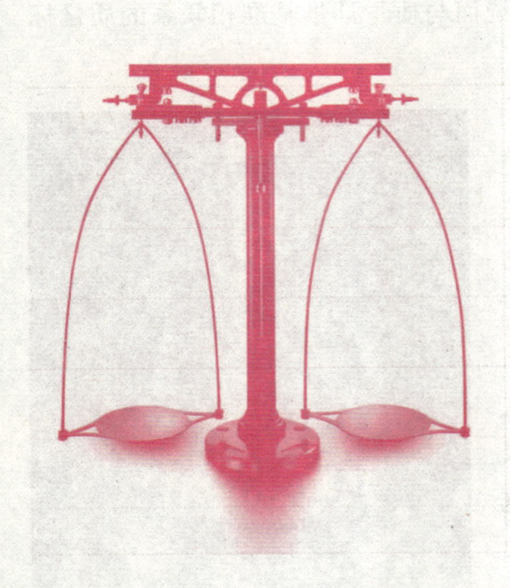
天 平

是否铅直。为防止称衡时气流的干扰，精密天平一般都置于玻璃罩内。

（2）天平的性能参数

最大称量和分度值：天平的最大称量是天平允许称衡的最大质量。使用天平时，被称物体的质量必须小于天平的最大称量，否则会使横梁产生形变，并使刀口受损。一般先将被称物体在低一级天平上进行预称衡，以减少精度较高的天平在称衡过程中横梁启动次数，减少刀口的磨损。

天平的分度值是指使天平指针偏离平衡位置一格需在秤盘上添加的砝码质量，它的单位为毫克/格。

分度值的倒数称为天平的灵敏度。上下调节套在指针上的重心螺丝，可以改变天平的灵敏度。重心越高，灵敏度越高。

天平的分度值及灵敏度与天平的负载状态有关。

不等臂性误差：等臂天平两臂的长度应该是相等的，但由于制造、调节状况和温度不匀等原因，会使天平的两臂长度不是严格相等。因此，当天平平衡时，砝码的质量并不完全与待称物体的质量相等。由于这个原因造成的偏差称为天平的不等臂性误差。不等臂性误差属于系统误差，它随载荷的增加而增大。按计量部门规定，天平的不等臂性误差不得大于6个分度值。

示值变动性误差：示值变动性误差表示在同一条件下多次开启天平，其平衡位置的再现性，是一种随机误差。由于天平的调整状态、操作情况、温差、气流、静电等原因，使重复称衡时各次平衡位置产生差异。合格天平的示值变动性误差不应大于1个分度值。

（3）天平和砝码的精度等级

以天平的名义分度值与最大称量之比来决定天平的精度等级。国家计量部门规定天平产品分10个精度级别。例如实验室常用的物理天平为10级，TG620分析天平为6级。

天平在质量测量中是一个比较器，通过称衡把物体的质量与砝码的质量相比较。砝码是体现质量单位标准的量具，一般由物理、化学性能稳定的非磁性金属材料制成。考虑到使用方便、经济合理以及组合精度高的原则，砝码组以 5—2—2—1 建制，如 TG620 分析天平配用的三等砝码，是由 50g、20g、20g、10g、5g、2g、2g、1g 等砝码组成的。

不同精度级别的天平配用不同等级的砝码。根据《砝码检定规程 JJG99—72》规定，砝码的精度分为 5 等，各等砝码的允许误差列于下表中。

砝码的允差（极限误差）

质量允差(mg) 等级 / 名义质量	一等	二等	三等	四等	五等
500（g）	±2	±3	±10	±25	±120
200	±0.5	±1.5	±4	±10	±50
100	±0.4	±1.0	±2	±5	±25
50	±0.3	±0.5	±2	±3	±15
20	±0.15	±0.3	±1	±2	±10
10	±0.10	±0.2	±0.8	±2	±10
5	±0.05	±0.15	±0.6	±2	±10
2	±0.05	±0.10	±0.4	±2	±10
1	±0.05	±0.10	±0.4	±2	±10
500（mg）	±0.03	±0.05	±0.2	±1	±5
200	±0.03	±0.05	±0.2	±1	±5
100	±0.03	±0.05	±0.2	±1	±5
50	±0.02	±0.05	±0.2	±1	—
20	±0.02	±0.05	±0.2	±1	—
10	±0.02	±0.05	±0.2	±1	—
5	±0.01	±0.05	±0.2	—	—
2	±0.01	±0.05	±0.2	—	—
1	±0.01	±0.05	±0.2	—	—

（4）天平的操作规程

天平及砝码都是精密仪器，如果使用不当不仅会使称衡达不到应有的准确度，而且还会损坏天平、降低天平的灵敏度和砝码的准确度。因而使用时须遵守下列操作规程：

使用天平前先要看清仪器的型号规格，注意载荷量不要超过最大称量，检查天平横梁、砝码盘及挂钩安装是否正常。

调节底脚螺丝使底盘水平、立柱铅直，检查空载时的停点，确定是否需要调节平衡螺母。

称衡时一般将被测物体放在左盘、砝码放在右盘（复称法除外），增减砝码须在天平制动后进行，旋转制动旋钮须缓慢小心，在试放砝码过程中不可将横梁完全支起，只要能判定指针向哪边偏斜就立即将天平制动。

取用砝码必须使用镊子，异组砝码不得混用。读数时须读一次总值，由秤盘放回砝码盒时再复核一次。

在观察天平是否平衡时，应将玻璃框门关上，以防空气对流影响称衡。取放物体和砝码一般使用侧门。

使用天平时如发现故障（例如横梁、秤盘滑落等）要找实验管理员解决，不得自行处理。

石 英

石英是硅的氧化物之一，其化学组成为二氧化硅，三方晶系。半透明或不透明的晶体；含有杂质时颜色不一，无色透明的晶体称水晶，乳白色的称乳石英，浅红色的称蔷薇石英，紫色的称紫水晶，黄褐色的称烟晶、茶晶，黑色的称墨晶。

石英是大陆地壳数量第二多的矿石，仅次于长石，质地坚硬，是花岗岩的主要成分。

时间在物理学上的抽象概念

最广泛被接受关于时间的物理理论是爱因斯坦的相对论。在相对论中，时间与空间一起组成四维时空，构成宇宙的基本结构。时间与空间都不是绝对的，观察者在不同的相对速度或不同时空结构的测量点，所测量到时间的流逝是不同的。

狭义相对论预测一个具有相对运动的时钟之时间流逝比另一个静止的时钟之时间流逝慢。

另外，广义相对论预测质量产生的重力场将造成扭曲的时空结构，并且在大质量（例如黑洞）附近的时钟之时间流逝比在距离大质量较远的地方的时钟之时间流逝要慢。

现有的仪器已经证实了这些相对论关于时间所做精确的预测，并且其成果已经应用于全球定位系统。

就今天的物理理论来说时间是连续的，不间断的，也没有量子特性。但一些至今还没有被证实的，试图将相对论与量子力学结合起来的理论，如量子重力理论、弦理论、M 理论，预言时间是间断的，有量子特性的。一些理论猜测普朗克时间可能是时间的最小单位。

根据史提芬·霍金所解出广义相对论中的爱因斯坦方程式，显示宇宙的时间是有一个起始点，由大霹雳（或称大爆炸）开始的，在此之前的时间是毫无意义的。而物质与时空必须一起并存，没有物质存在，时间也无意义。

热学实验基础

温度测量仪器

温度是7个基本物理量之一。温度的宏观概念是物体冷热程度的表示，或者说，互为热平衡的两个物体，其温度相等。温度的微观概念是大量分子热运动平均强度的表示，分子无规则运动愈激烈，物体的温度愈高。

许多物质的特征参数与温度有着密切关系，所以在科学研究和工农业生产中对温度的控制和测量显得特别重要。

1. 温标

温度的数值表示法叫作温标。建立温标有 3 个要素：

（1）选定某种测温物质的温度属性制成一个温度计（例如用水银受热膨胀制成的玻璃水银温度计）。

（2）定义出温度数值的两个温度固定点（例如把水的冰点定义为0℃，水的沸点定义为100℃）。

（3）有一个中间温度的插补公式（例如，假设水银的膨胀与温度有线性关系，于是把玻璃水银温度计0℃到100℃之间的毛细管长度均匀分为100个分格，从而获得1℃的测温数值表示）。

1968年国际计量委员会根据1967年第十三届国际计量大会决议，公布了《1968年国际实用温标》（缩写为IPTS—1968），并规定它从1969年起在国际上生效。我国是由1973年1月1日起采用IPTS—1968的。

IPTS—1968规定了热力学温度是基本温度，它的单位是开尔文，符号是K。以水的三相点温度定义为273.15K，因而1K就是水三相点热力学温度的1/273.16。这是为了照顾人们已经习惯使用的摄氏温标，使摄氏1度的间隔为1K，而原来的℃温标（称为经验温标），也根据热力学温标做了相应的新规定，即规定水的冰点273.15K为0℃，水的沸点373.15K为100℃。

2. 水银温度计

水银温度计以水银作为测温物质，利用水银的热胀冷缩性质来测量温度。这种温度计下端是一个贮藏水银的感温泡，上接一个内径均匀的玻璃毛细管。随温度的变化，毛细管内水银柱的高度随之改变，其高度与感温泡所感受的温度相对应，在刻度尺上即可读出温度的数值。

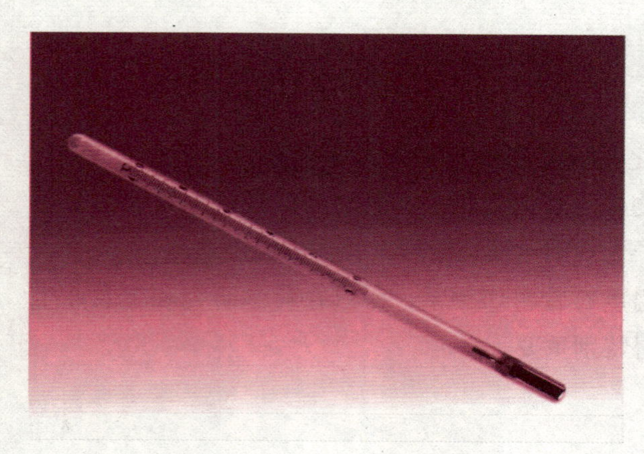

水银温度计

水银温度计的测温范围是－30℃～300℃，其分度值为0.05℃（一等标准水银温度计）和0.1℃或0.2℃（二等标准水银温度计）。实验室常用的温度计为实验用玻璃水银温度计，分度值为0.1℃或0.2℃，示值误差为

0.2℃。采用全浸式读数。普通水银温度计测温范围分0℃～50℃、0℃～100℃、0℃～150℃等，分度值一般为1℃，示值误差限等于分度值，多采用局浸式读数。

除示值误差外，水银玻璃温度计测温误差尚应考虑以下两点。

（1）零点位移。由于温度计的老化使玻璃内部组织发生变化而使感温泡体积发生变化，从而出现零点位移。所以必须经常检查和校准水银温度计的零点，以消除由零点位移而导致的系统误差。校准零点时要按照规定程序进行。

（2）露出液柱误差。玻璃温度计一般分为全浸式和局浸式两种。全浸式温度计是将温度计全部浸没在待测温度介质中，并使感温泡与毛细管中的全部水银处于同一温度中；局浸式温度计是将感温泡和一部分毛细管（局浸式温度计背面刻有一横线，表示毛细管浸入测温介质的位置）浸入测温介质中。如果由于各种原因不能按照规定使用，就会引起示值误差，这就是露出液柱误差。

使用水银温度计还应注意：①测温读数时，应使视线与水银柱液面处于同一水平面；②应使感温泡离开被测对象的容器壁一定的距离；③由于水银柱在毛细管中升降有滞留现象，水银柱随温度的升降有跳跃式的间歇变动，这种现象在下降过程中尤为明显，所以使用水银温度计时最好采用升温的方式；④由于热传导速度等原因，在被测介质的温度发生变化时，水银温度计滞后一定时间才能正确显示介质的实际温度，在待测介质的温度变化较快时，必须改用反应迅速的温差电偶温度计。

3. 温差电偶温度计

用两种不同的金属丝A和B联成回路并使两个接点维持在不同温度T_1和T_2时，则该闭合回路中会产生温差电动势E。在两种金属材料给定时，E的大小取决于温度差（T_1-T_2）。如果使温差电偶一个接头（称参考端）的温度固定在已知温度T_0，则回路的温差电动势大小将与另一接头（称测温端）的温度有一一对应关系，测出回路中的温差电动势E就可以确定T，这就是温差电偶温度计的原理。

使用温差电偶测温时要注意避免金属丝在可能遇到较大温度梯度的部位

弯曲，这会改变温差电偶的分度值。

湿度计和气压计

在影响实验的各种环境因素中，居首位的当属温度，因为各种物质性质几乎都与温度有关。其次便是空气的湿度和大气压强。比如，湿度大多会降低介电材料的绝缘性能，会使仪器锈蚀而降低其精密度，会使光学元件表面起雾和生霉而降低其透光度和成像清晰度。大气压强将影响气体和液体的密度，影响液体的沸点、固体的凝固点，影响空气中声音传播速度等等。因而实验室中常挂有温度计、湿度计和气压计作为环境监测仪器。

1. 干湿球湿度计

湿度是指存在于空气中的水蒸气含量的多少。湿度不仅是气象方面的一个重要参数，而且在科学实验、工农业生产各方面都相当重要。

空气中水蒸气的含量可用 3 种方法表示：①直接用空气中水蒸气的分压强表示；②绝对湿度，即每单位体积潮湿空气中含水蒸气的质量；③相对湿度，即空气中所含水蒸气的分压与相同温度下水的饱和蒸气压之比，以百分数表示。在科学实验和工农业生产中使用得较多的是相对湿度。

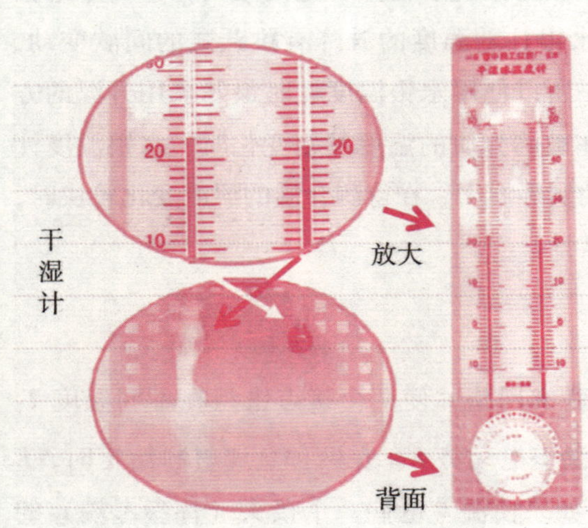

干湿球湿度计

利用干湿球湿度计可以测出环境的相对湿度。干湿球湿度计由两支相同的温度计 A 和 B 组成，A 直接指示室温，而 B 的感温泡上裹着细纱布，布的下端浸在水槽内。如果空气中的水蒸气不饱和，水就要蒸发，由于水蒸发吸热，而使 B 的感温泡冷却，因而湿温度计 B 所指示的温度就低于干温度计 A 所指示的温度。环境空气的湿度小，水蒸发就快，两支温度计指示的温度差就大。

日常生活中最适合的湿度是60%。当空气的温度下降，而水蒸气的含量不变时，相对湿度增大，当降到某一温度时，相对湿度成为100%，即达到露点，露点以下水蒸气就会凝结。一般实验室都要避免这种现象。

2. 水银气压计

压强是垂直而均匀地作用在物体单位面积上的力。

在国际单位制中，压强的单位为帕斯卡（简称帕，符号 Pa）。

实验室里常用福廷气压计测量环境的气压。一根长约 80 厘米的玻璃管，一端封口并灌满水银倒插入水银杯内，在标准大气压下，管内水银柱将会下降到距杯内水银面 76 厘米高度。气压变化，水银柱的高度就改变。利用玻璃管旁的黄铜米尺及游标装置可测量水银柱的高度。米尺的下端连接一象牙针，是高度的零点。

使用时，先调节气压计悬挂铅直，然后利用底部旋钮升降水银杯，使杯中的水银面恰好与象牙针尖端接触（利用水银面反映的象牙针倒影判断）。最后调节游标旋钮，使游标的下缘与管中水银柱的弯月面顶部对齐，从米尺和游标上可以读出准确的水银柱高度，即大气压值。

水　银

水银，又称汞，一种有毒的银白色一价和二价重金属元素，它是常温下唯一的液体金属，游离存在于自然界并存在于辰砂、甘汞及其他几种矿中。常常用焙烧辰砂和冷凝汞蒸气的方法制取汞，它主要用于科学仪器（电学仪器、控制设备、温度计、气压计）及汞锅炉、汞泵及汞气灯中。

延伸阅读

国际单位制简介

国际单位制（符号：SI），又称公制或米制，旧称“万国公制”，是一种十进制进位系统，是现时世上最普遍采用的标准度量衡单位系统。国际单位制源自18世纪末科学家的努力，最早于法国大革命时期的1799年被法国作为度量衡单位。

1948年召开的第九届国际计量大会作出了决定，要求国际计量委员会创立一种简单而科学的、供所有米制公约组织成员国均能使用的实用单位制。

1954年第十届国际计量大会决定采用米（m）、千克（kg）、秒（s）、安培（A）、开尔文（K）和坎德拉（cd）作为基本单位。

1960年第十一届国际计量大会决定将以这6个单位为基本单位的实用计量单位制命名为“国际单位制”，并规定其符号为“SI”。以后1974年的第十四届国际计量大会又决定增加将物质的量的单位摩尔（mol）作为基本单位。因此，目前国际单位制共有7个基本单位。

国际单位制应用于世界各地，这其中包括绝大多数前英制国家，例如英国、加拿大、澳大利亚等，它们均在20世纪后半叶进行了向国际单位制的转换。

国际单位制的七个基本单位

物理量名称	单位名称	单位符号
长度	米	m
质量	千克	kg
时间	秒	s
电流	安（培）	A
热力学温度	开（尔文）	K
物质的量	摩（尔）	mol
发光强度	坎（德拉）	cd

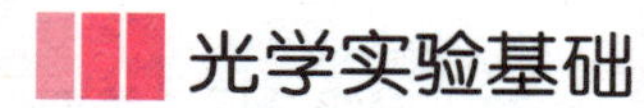

光学实验基础

光学包括两大部分内容：几何光学和物理光学。几何光学（又称光线光学）是以光的直线传播性质为基础，研究光在媒质中的传播规律及其应用的学科；物理光学是研究光的本性、光和物质的相互作用规律的学科。

几何光学实验基础

1. 基本概念

光源发光的物体。分两大类：点光源和扩展光源。点光源是一种理想模型，扩展光源可看成无数点光源的集合。

光线——表示光传播方向的几何线。光束通过一定面积的一束光线。它是通过一定截面光线的集合。

光速——光传播的速度。恒为 $c=3\times10^{8}\mathrm{m/s}$。丹麦天文学家罗默第一次利用天体间的大距离测出了光速。法国人裴索第一次在地面上用旋转齿轮法测出了光速。

实像——光源发出的光线经光学器件后，由实际光线形成的。

虚像——光源发出的光线经光学器件后，由发实际光线的延长线形成的。

本影——光直线传播时，物体后完全照射不到光的暗区。

半影——光直线传播时，物体后有部分光可以照射到的半明半暗区域。

2. 基本规律

（1）光路可逆原理。光线逆着反射线或折射线方向入射，将沿着原来的入射线方向反射或折射。

（2）光的独立传播规律。光在传播时虽屡屡相交，但互不扰乱，保持各自的规律继续传播。

（3）光的直线传播规律。光在同一种均匀介质中沿直线传播。小孔成像、影的形成、日食、月食等都是光沿直线传播的例证。

（4）光的反射定律。反射线、入射线、法线共面；反射线与入射线分布于法线两侧；反射角等于入射角。

（5）光的折射定律。折射线、入射线、法线，折射线和入射线分居法线两侧；对确定的两种介质，入射角（i）的正弦和折射角（r）的正弦之比是一个常数。全反射条件：①光从光密介质射向光疏介质；②入射角大于临界角。

3. 常用光学器件及其光学特性

（1）棱镜：光密媒质的棱镜放在光疏媒质的环境中，入射到棱镜侧面的光经棱镜后向底面偏折。隔着棱镜看到物体的像向项角偏移。棱镜的色散是指复色光通过三棱镜被分解成单色光的现象。

（2）平面镜：点光源发出的同心发散光束，经平面镜反射后，得到的也是同心发散光束。能在镜后形成等大的、正立的虚像，像与物对镜面对称。

凸面镜

（3）球面镜：凹面镜有会聚光的作用，凸面镜有发散光的作用。

（4）平行透明板：光线经平行透明板时发生平行移动（侧移）。侧移的大小与入射角、透明板厚度、折射率有关。

（5）透镜：在光疏介质的环境中放置有光密介质的透镜时，凸透镜对光线有会聚作用，凹透镜对光线有发散作用。透镜成像作图利用三条特殊光线。成像规律 $1/u+1/v=1/f$。线放大率 $m=$ 像长/物长 $=|v|/u$。

说明：①成像公式的符号法则——凸透镜焦距 f 取正，凹透镜焦距 f 取负；实像像距 v 取正，虚像像距 v 取负。②线放大率与焦距和物距有关。

4. 简单光学仪器的成像原理

（1）幻灯机是凸透镜成像在 $f<u<2f$ 时的应用，得到的是倒立放大的实像。

(2) 放大镜是凸透镜成像在 $u<f$ 时的应用，通过放大镜在物方同地看到正立虚像。

(3) 眼睛等效于一变焦距照相机，正常人明视距离约 25 厘米。明视距离小于 25 厘米的近视眼患者需配戴凹透镜做镜片的眼镜；明视距离大于 25 厘米的远视眼患者需配戴凸透镜做镜片的眼镜。

(4) 显微镜由短焦距的凸透镜做物镜，长焦距的凸透镜做目镜所组成。物体位于物镜焦点外很靠近焦点处，经物镜成实像于目镜焦点内很靠近焦点处。再经物镜在同侧形成一放大虚像（通常位于明视距离处）。

(5) 照相机是凸透镜成像在 $u>2f$ 时的应用，得到的是倒立缩小的实像。

(6) 望远镜由长焦距的凸透镜做物镜，凹透镜做目镜所组成。极远处至物镜的光可看成平行光，经物镜成中间像（倒立、缩小、实像）于物镜焦点外很靠近焦点处，恰位于目镜焦点内，再经目镜成虚像于极远处（或明视距离处）。

物理光学基本知识

1. 微粒说（牛顿）：

基本观点：认为光像一群弹性小球的微粒。

实验基础：光的直线传播、光的反射现象。

困难问题：无法解释两种媒质界面同时发生的反射、折射现象以及光的独立传播规律等。

2. 波动说（惠更斯）：

基本观点认为光是某种振动激起的波（机械波）。实验基础光的干涉和衍射现象。

(1) 光的衍射现象——单缝衍射（或圆孔衍射）：

条件：缝宽（或孔径）可与波长相比拟。

现象：出现中央最亮最宽的明条纹，两边有不等距的明暗条纹（或明暗相间的圆环）。

困难问题：难以解释光的直进、寻找不到传播介质。

(2) 干涉现象——杨氏双缝干涉实验

条件：两束光频率相同、相差恒定。

现象：出现中央明条纹，两边有等距分布的明暗相间条纹。

解释：屏上某处到双孔（双缝）的路程差是波长的整数倍（半个波长的偶数倍）时，两波同相叠加，振动加强，产生明条纹；两波反相叠加，振动相消，产生暗条纹。

应用：检查平面、测量厚度、增强光学镜头透射光强度（增透膜）。

3. 光子说（爱因斯坦）：

爱因斯坦

基本观点：认为光由一份一份不连续的光子组成，每份光子的能量 $E = h\nu$。

实验基础：光电效应现象。

现象：①入射光照到光电子发射几乎是瞬时的；②入射光频率必须大于阴极金属的极限频率 ν_0；③当 $\nu > \nu_0$ 时，光电流强度与入射光强度成正比；④光电子的最大初动能与入射光强无关，只随着入射光频率的增大而增大。

解释：①光子能量可以被电子全部吸收。不需能量积累过程；②表面电子克服金属原子核引力逸出至少需做功（逸出功）$h\nu_0$；③入射光强、单位时间内入射光子多，产生光电子多；④入射光子能量只与其频率有关，入射至金属表面，除用于逸出功外，其余转化为光电子的初动能。

困难问题：无法解释光的波动性。

4. 电磁说（麦克斯韦）：

基本观点：认为光是一种电磁波。

实验基础：赫兹实验（证明电磁波具有跟光同样的性质和波速）。

各种电磁波的产生机理：无线电波自由电子的运动；红外线、可见光、紫外线原子外层电子受激发；X 射线原子内层电子受激发；γ 射线原子核受激发。

困难问题：无法解释光电效应现象。

5. 光的波粒二象性：

基本观点：认为光是一种具有电磁本性的物质，既有波动性，又有粒子性。大量光子的运动规律显示波动性，个别光子的行为显示粒子性。

实验基础：微弱光线的干涉，X 射线衍射。

重要研究方法

1. 光路可逆法：在几何光学中，所有的光路都是可逆的，利用光路可逆原理在作图和计算上往往都会带来方便。

2. 光路追踪法：用作图法研究光的传播和成像问题时，以抓住物点上发出的某条光线为研究对象，不断追踪下去的方法。尤其适合于研究组合光具组成像的情况。

3. 作图法：几何光学离不开光路图。利用作图法可以直观地反映光线的传播，方便地确定像的位置、大小、倒正、虚实以及成像区域或观察范围等。把它与公式法结合起来，可以互相补充、互相验证。

色　散

材料的折射率随入射光频率的减小（或波长的增大）而减小的性质，成为“色散”。

色散可通过棱镜或光栅等作为“色散系统”的仪器来实现。如一细束阳光可被棱镜分为红、橙、黄、绿、蓝、靛、紫七色光。这是因为复色光中的各种色光的折射率不相同。当它们通过棱镜时，传播方向有不同程度的偏折，因而在离开棱镜时便各自分散。

光学简介

在西方很早就有光学知识的记载，欧几里得的《反射光学》研究了光的反射；阿拉伯学者阿勒·哈增写过一部《光学全书》，讨论了许多光学的现象。

光学真正形成一门科学，应该从建立反射定律和折射定律的时代算起，这两个定律奠定了几何光学的基础。17 世纪，望远镜和显微镜的应用大大促进了几何光学的发展。

光的本性（物理光学）也是光学研究的重要课题。微粒说把光看成是由微粒组成的，认为这些微粒按力学规律沿直线飞行，因此光具有直线传播的性质。19 世纪以前，微粒说比较盛行。

但是，随着光学研究的深入，人们发现了许多不能用直进性解释的现象，例如干涉、衍射等，用光的波动性就很容易解释。于是光学的波动说又占了上风。两种学说的争论构成了光学发展史上的一根红线。

狭义来说，光学是关于光和视见的科学，optics（光学）这个词，早期只用于跟眼睛和视见相联系的事物。而今天，常说的光学是广义的，是研究从微波、红外线、可见光、紫外线直到 X 射线的宽广波段范围内的，关于电磁辐射的发生、传播、接收和显示，以及跟物质相互作用的科学。光学是物理学的一个重要组成部分，也是与其他应用技术紧密相关的学科。

电学、磁学实验基础

本节包括电磁学实验常用仪器和基本操作规程两部分。这些内容至关重要，在做电磁学实验前务必认真阅读，仔细领会，做到熟练掌握。

常用电学仪器

1. 直流电源

实验室常用直流电源有晶体管直流稳压电源和干电池、蓄电池等。

晶体管直流稳压电源的优点是输出电压的长期稳定性好、输出可调、功率（额定电流）大、内阻小、可长期连续使用。缺点是工作时由于用交流电源供电，因而短期稳定性不如干电池，会受电网电压波动的影响。一般说来体积也较大。

干电池输出电压的短期稳定性好，使用时不会对用电电路造成交流噪声干扰和电磁干扰，常用于对稳压要求高的电路或便携式仪器中。缺点是容量有限，使用寿命短，不能长期连续使用。

干电池

干电池变坏的标志是内阻变大，端电压变低，严重失效的会流出腐蚀性液体。需要经常检查干电池，及时更换。

选用电源要注意：①输出电压是否满足要求；②电源是否超载，即负载取用电流是否超过电源的额定值，如果超载，直流稳压电源会很快发热以致被烧坏，干电池会很快报废；③要谨防电源两极短路。

2. 标准电池

标准电池具有稳定而准确的电动势，因而自 1908 年即被国际计量局推荐作为电压单位的基准器。标准电池的正极是汞，上面覆盖有硫酸亚汞固体作为去极化剂；负极为镉汞齐，电解液为硫酸镉溶液。各种化学物质密封在玻璃管内，两电极由铂导线引出，然后装入金属筒内。

根据硫酸镉电解液饱和程度不同，标准电池又分为饱和型和不饱和型两种。从外形看，又分为 H 型和单管型。

饱和型标准电池电解液中有过剩的硫酸镉晶体，负极镉汞齐中含镉 10%、汞 90%。其电动势在恒温下有很高的长期稳定性，年变化不超过几微伏。

不饱和标准电池，在规定使用温度范围内硫酸镉电解液处于不饱和状态，负极镉汞齐中含镉 12.5%、汞 87.5%。其结构和化学成分与饱和型基本相同，只是电解液中无过量的硫酸镉晶体。电动势长期稳定性比饱和型差，变化量约 20μV/年至 200μV/年；但其温度稳定性较好，约为 1μV/℃ ~

5μV/℃。在0℃～50℃范围内电动势不必修正，可取其20℃时的值。

标准电池按其年稳定度分等级。例如实验室常用的BC3型标准电池，等级指数为0.005，其电动势年变化量不超过±50μV。

每只标准电池出厂时，都附有检定证书，给出该电池20℃时的电动势值及内阻值。在准确度要求高的情况下使用，可先按实际使用温度（标准电池插有温度计）对检定值做温度修正，并可简单地以该电池等级指数所规定的一年内电动势允许偏差值作为误差限。在物理实验中，一般取标准电池电动势为1.018V就可以了，在室温变化范围内不必做温度修正，而且可不考虑其误差。因温度修正值和误差限都远小于10^{-3}V。

使用中应注意如下事项。

（1）温度要求，应符合规定的工作温度范围。使用中要远离冷源和热源，防止骤冷骤热。

（2）充放电电流，一般要求不得超过1μA。在补偿电路中使用时极性不得接反；不得用电压表测量其电动势；不能用多用表或电桥测量其内阻；要谨防两极短路，不允许用手指同时接触两个电极的端钮。

（3）防止振动、倾斜、倒置。

（4）遮光保存，防止强光直照。

3. 电阻箱

测量用电阻箱要求有足够的准确度和稳定度，故一般由电阻温度系数较小的锰铜合金丝绕制的精密电阻串联而成。实验室常把电阻箱作为标准电阻使用。

电阻箱的主要规格是其总电阻、额定电流和准确度等级。现以ZX21型电阻箱为例做如下说明。

（1）调节范围。如果6个转盘所对应的电阻全部被用上（使用“0”和“99999.9欧姆”两个接线柱，6个转盘均置于最高位），总电阻值为99999.9欧姆，此时残余电阻（内部导线电阻和电刷接触电阻）最大。如果只需要0.1欧姆至0.9欧姆（或9.9欧姆）的阻值范围，则内接“0”和“0.9欧姆”（9.9欧姆）两接线柱。这样可减小残余电阻对使用低电阻时的影响。

（2）额定电流。使用电阻箱不允许超过其额定电流。

（3）准确度等级。电阻箱的准确度等级由基本误差和影响量（环境温度、相对湿度等）引起的变差来确定。

使用电阻箱时应注意：使用前应先来回旋转一下各转盘，使电刷接触可靠。使用过程中注意不要使电阻箱出现 0 欧姆示值。为简化计算，有时可认为 $m=0$。

电阻箱

4. 滑动变阻器

滑动变阻器的主要部分为密绕在瓷管上的涂有绝缘漆的电阻丝。电阻丝两端与固定接线端相连，并有一滑动触头通过瓷管上方的金属导杆与滑动接线端相连。

滑动变阻器

滑动变阻器的主要技术指标为全电阻和额定电流（功率）。应根据外接负载的大小和调节要求选用，尤其要注意，通过变阻器任一部分的电流均不允许超过其额定电流。

实验室常用滑动变阻器来改变电路中的电流或电压，分别连接成制流电路和分压电路。使用时应注意，接通电源前，制流电路中滑动端 P 应置于电阻最大位置；分压电路中，滑动端 P 应置于电阻最小位置。

5. 直流电表

实验室常用的直流电表大多为磁电式电表，它的内部构造如图所示。图中圆筒状极掌之间铁芯的使用是使极掌和铁芯间磁场很强，并使气隙间磁感线呈均匀辐射状。当线圈中有电流通过时，线圈受电磁力矩而偏转，直到与游丝的反抗力矩相平衡，指针即指向某一分度。线圈串并联不同电阻，即可构成不同量程的电压表、电流表。随着集成元件的成本降低，数字式电表的应用也日趋广泛。要做到正确选择和使用电表，必须了解电表的主要规格、电表接入电路的方法和正确读数的方法。

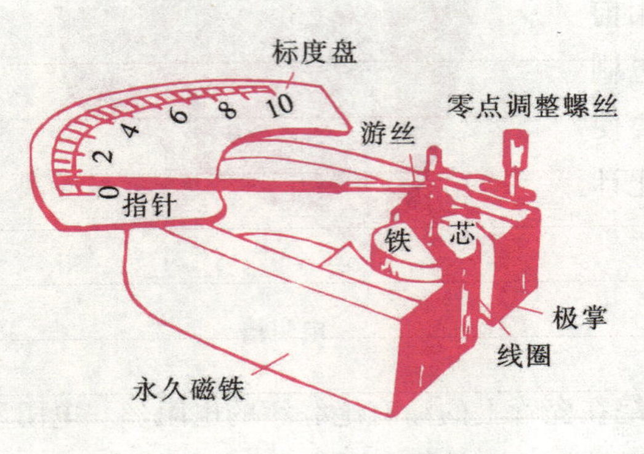

磁电式电表的构造

电表的主要技术指标是量程、内阻和准确度等级。量程是指电表可测的最大电流值或电压值。电流表内阻一般由说明书给出或由实验测出。

电表准确度等级指数的确定取决于电表的误差，包括基本误差和附加误差两部分。电表的附加误差考虑比较困难，在实验中，一般只考虑基本误差。电表的基本误差是由其内部特性及构件等的质量缺陷引起的。国家标准规定，电表的准确度等级共分为 0.1、0.2、0.5、1.0、1.5、2.5、5.0 七个级别。

电表的使用和读数应注意以下几点。

（1）正确选择量程。选用电表时应让指针偏转尽量接近满量程。当待测量大小未知时，应首选较大量程，然后根据偏转情况选择合适量程。

（2）电表接入电路的方法。电流表应与待测电路串联；电压表应与待测电路并联。注意电表极性，正端接高电位，负端接低电位。

（3）正确读取示值。为了减小读数误差，眼睛应正对指针。对于配有镜面的电表，必须看到指针镜像与指针重合时再读数。一般应估读到电表分度的 1/10 – 1/4。

（4）应尽量在规定的允许条件下使用电表，从而尽量减小影响量带来的附加误差。

此外，在实际测量时，为了减小电表内阻对测量结果的影响，应选择合理的测量线路。

例如，在伏安法测电阻的实验中，应根据电流表内阻 r_g 与待测电阻 R_x 的相对大小，选择电流表的内接法线路或外接法线路。

电磁学实验操作规程

电磁学实验操作规程可概括为下述口诀：布局合理，操作方便；初态安全，回路法接线；认真复查，瞬态试验；断电整理，仪器还原。

1. 布局合理，操作方便。根据电路图精心安排仪器布局。做到走线合理，操作安全方便。一般应将经常操作的仪器放在近处，读数仪表放在便于观察的位置，开关尽量放在最易操纵的地方。

2. 初态安全，回路法接线。正式接线前仪器应预置安全状态。例如，电源开关应断开，用于限流和分压的滑动变阻器滑动端的位置应使电路中电流最小或电压最低，电表量程选择合理档位，电阻箱示值不能为零，等等。

常用电路元件符号

名称	符号	名称	符号
电池（直流电源）		单刀单掷开关	
固定电阻		单刀双掷开关	
变阻器		双刀双掷开关	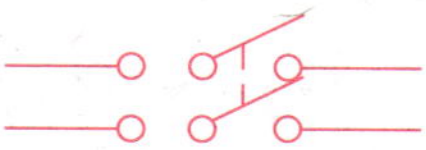
可变电阻	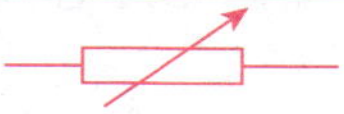		
固定电容		换向开关	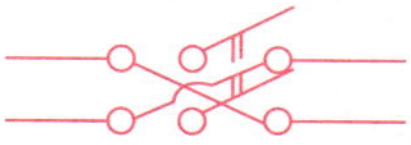
可变电容			
电感线圈		晶体二极管	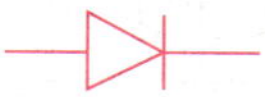
互感线圈	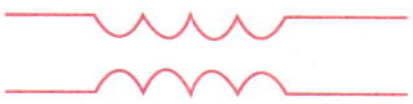	晶体三极管（NPN）	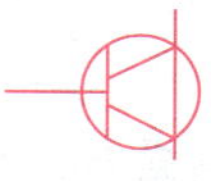
信号灯			

回路法接线是指按回路连接线路。首先分析电路图可分为几个回路，然后从电源正极开始，由高电位到低电位顺序接线，最后回到电源的负极（此线端先置于电源附近不接，待全部线路接完后，经检查无误，最后连接），完成一个回路。接着从已完成的回路中某高电位点出发，完成下一个回路。

一边接线，一边想象电流走向，顺序完成各个回路的连接。切忌盲目乱接，严禁通电试接碰运气。回路法接线是电磁学实验的基本功，务必熟练掌握。

3. 认真复查，瞬态试验。接线完毕后，应按照回路认真检查一遍。无误后接通电源，马上根据仪表示值等现象判断有无异常。若发现异常，立刻断电检查排除。若无异常，则可调节线路元件至所需状态，正式开始做实验。

4. 断电整理，仪器还原。实验完毕后，应先切断电源再拆线。把导线理顺扎齐，仪器还原归位。整理时严防电源短路。

知识点

短　路

在物理学中，电流不通过用电器直接接通叫作短路。发生短路时，因电流过大往往引起机器损坏或火灾。

普通短路有两种情况：①电源短路。即电流不经过任何用电器，直接由正极经过导线流回负极，容易烧坏电源。②用电器短路，也叫部分电路短路。即一根导线接在用电器的两端，此用电器被短路，容易产生烧毁其他用电器的情况。

延伸阅读

电磁学简介

电磁学是研究电和磁的相互作用现象及其规律和应用的物理学分支学科。根据近代物理学的观点，磁的现象是由运动电荷所产生的，因而在电学的范围内必然不同程度地包含磁学的内容。所以，电磁学和电学的内容很难截然划分，而“电学”有时也就作为“电磁学”的简称。

早期，由于磁现象曾被认为是与电现象独立无关的，同时也由于磁学本身的发展和应用，如近代磁性材料和磁学技术的发展，新的磁效应和磁现象的发现和应用等等，使得磁学的内容不断扩大，所以磁学在实际上也就作为一门和电学相平行的学科来研究了。

电磁学从原来互相独立的两门科学（电学、磁学）发展成为物理学中一个完整的分支学科，主要是基于两个重要的实验发现，即电流的磁效应和变化的磁场的电效应。这两个实验现象，加上麦克斯韦关于变化电场产生磁场的假设，奠定了电磁学的整个理论体系，发展了对现代文明起重大影响的电工和电子技术。

麦克斯韦电磁理论的重大意义，不仅在于这个理论支配着一切宏观电磁现象（包括静电、稳恒磁场、电磁感应、电路、电磁波等等），而且在于它将光学现象统一在这个理论框架之内，深刻地影响着人们认识物质世界的思想。

电子的发现，使电磁学和原子与物质结构的理论结合了起来，洛伦兹的电子论把物质的宏观电磁性质归结为原子中电子的效应，统一地解释了电、磁、光现象。

和电磁学密切相关的是经典电动力学，两者在内容上并没有原则的区别。一般说来，电磁学偏重于电磁现象的实验研究，从广泛的电磁现象研究中归纳出电磁学的基本规律；经典电动力学则偏重于理论方面，它以麦克斯韦方程组和洛伦兹力为基础，研究电磁场分布，电磁波的激发、辐射和传播，以及带电粒子与电磁场的相互作用等电磁问题，也可以说，广义的电磁学包含了经典电动力学。

化学实验基础知识

化学实验操作基本原则

“从下往上”原则：以氯气实验室制法为例，装配发生装置顺序是：放好铁架台→摆好酒精灯→根据酒精灯位置固定好铁圈→石棉网→固定好圆底烧瓶。

“从左到右”原则：装配复杂装置应遵循从左到右顺序。如上装置装配顺序为：发生装置→集气瓶→烧杯。

先“塞”后“定”原则：带导管的塞子在烧瓶固定前塞好，以免烧瓶被固定后因不宜用力而塞不紧或因用力过猛而损坏仪器。

“固体先放”原则：上例中，烧瓶内试剂二氧化锰应在烧瓶被固定前装入，以免固体放入时损坏烧瓶。总之固体试剂应在固定前加入相应容器中。

“液体后加”原则：液体药品在烧瓶被固定后加入。如上例中浓盐酸应在烧瓶被固定后在分液漏斗中缓慢加入。

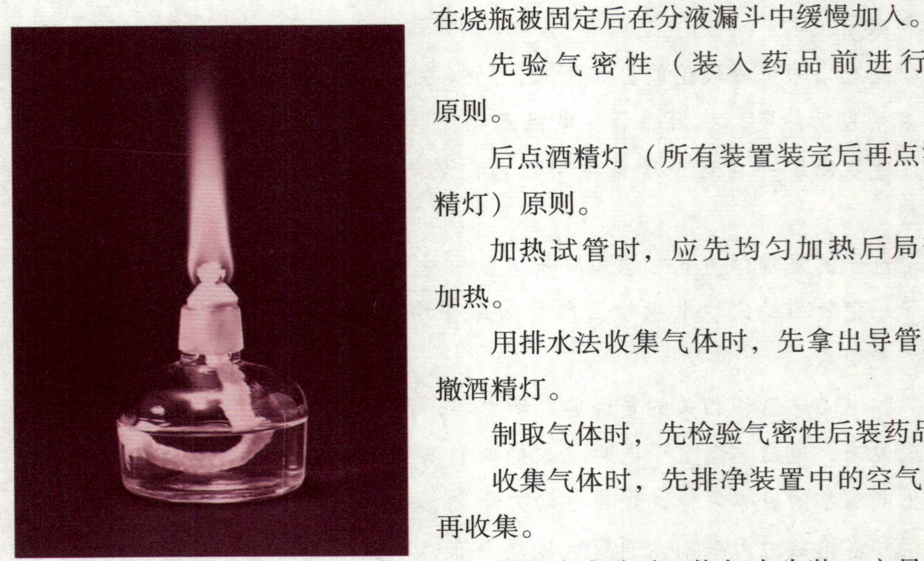
酒精灯

先验气密性（装入药品前进行）原则。

后点酒精灯（所有装置装完后再点酒精灯）原则。

加热试管时，应先均匀加热后局部加热。

用排水法收集气体时，先拿出导管后撤酒精灯。

制取气体时，先检验气密性后装药品。

收集气体时，先排净装置中的空气后再收集。

稀释浓硫酸时，烧杯中先装一定量蒸馏水后再沿器壁缓慢注入浓硫酸。

点燃氢气、甲烷等可燃气体时，先检验纯度再点燃。

检验卤化烃分子的卤元素时，在水解后的溶液中先加稀硝酸再加硝酸银溶液。

检验氨气（用红色石蕊试纸）、氯气（用淀粉碘化钾试纸）等气体时，先用蒸馏水润湿试纸后再与气体接触。

做固体药品之间的反应实验时，先单独研碎后再混合。

配制氯化铁等易水解的盐溶液时，先溶于少量浓盐酸中，再稀释。

中和滴定实验时，用蒸馏水洗过的滴定管先用标准液润洗后再装标准液；先用待测液润洗后再移取液体；滴定管读数时先等一两分钟后再读数；观察锥形瓶中溶液颜色的改变时，先等半分钟颜色不变后即为滴定终点。

焰色反应实验时，每做一次，铂丝应先沾上稀盐酸放在火焰上灼烧到无色时，再做下一次实验。

用氢气还原氧化铜时，先通氢气流，后加热氧化铜，反应完毕后先撤酒精灯，冷却后再停止通氢气。

配制物质的量浓度溶液时，先用烧杯加蒸馏水至容量瓶刻度线1～2厘米后，再改用胶头滴管加水至刻度线。

检验蔗糖、淀粉、纤维素是否水解时，先在水解后的溶液中加氢氧化钠溶液中和硫酸，再加银氨溶液或氢氧化铜悬浊液。

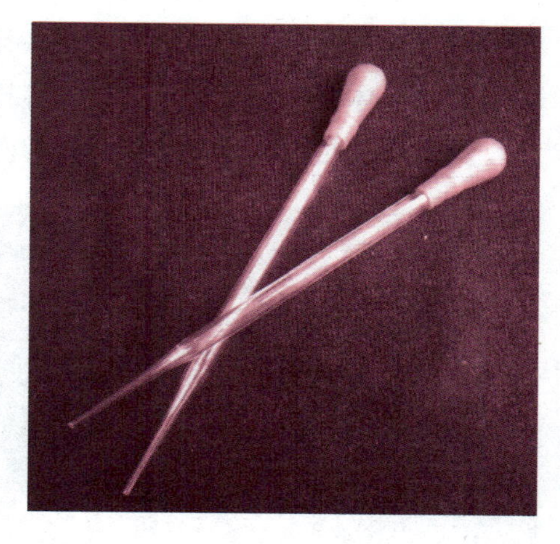

胶头滴管

用pH试纸时，先用玻璃棒沾取待测溶液涂到试纸上，再把试纸显示的颜色跟标准比色卡对比，定出pH。

化学实验基本操作中的“不”

实验室里的药品，不能用手接触；不要把鼻子凑到容器口去闻气体的气味，更不能尝结晶的味道。

做完实验，用剩的药品不得抛弃，也不要放回原瓶（活泼金属钠、钾等例外）。

取用液体药品时，把瓶塞打开不要正放在桌面上；瓶上的标签应向着手心，不应向下；放回原处时标签不应向里。

如果皮肤上不慎洒上浓硫酸，不得先用水洗，应根据情况迅速用布擦去，再用水冲洗；若眼睛里溅进了酸或碱，切不可用手揉眼，应及时想办法处理。

称量药品时，不能把称量物直接放在托盘上；也不能把称量物放在右盘上；加砝码时不要用手去拿。

用滴管添加液体时，不要把滴管伸入量筒（试管）或接触筒壁（试管壁）。

向酒精灯里添加酒精时，不得超过酒精灯容积的2/3，也不得少于容积的1/3。

不得用燃着的酒精灯去对点另一只酒精灯；熄灭时不得用嘴去吹。

给物质加热时不得用酒精灯的内焰和焰心。

给试管加热时，不要把拇指按在短柄上；切不可使试管口对着自己或旁人；液体的体积一般不要超过试管容积的1/3。

给烧瓶加热时不要忘了垫上石棉网。

坩埚

用坩埚或蒸发皿加热完毕后，不要直接用手拿回，应用坩埚钳夹取。

使用玻璃容器加热时，不要使玻璃容器的底部跟灯芯接触，以免容器破裂。烧得很热的玻璃容器，不要用冷水冲洗或放在桌面上，以免破裂。

过滤液体时，漏斗里的液体的液面不要高于滤纸的边缘，以免杂质进入滤液。

在烧瓶口塞橡皮塞时，切不可把烧瓶放在桌上再使劲塞进塞子，以免压破烧瓶。

特殊试剂的存放和取用

钠、钾：隔绝空气；防氧化，保存在煤油中（或液态烷烃中）（锂用石蜡密封保存）。用镊子取，玻璃片上切，滤纸吸煤油，剩余部分随即放人煤油中。

白磷：保存在水中，防氧化，放冷暗处。用镊子取，并立即放入水中用长柄小刀切取，滤纸吸干水分。

液溴：有毒易挥发，盛于磨口的细口瓶中，并用水封。瓶盖严密。

碘：易升华，且具有强烈刺激性气味，应保存在用蜡封好的瓶中，放置于低温处。

浓硝酸、硝酸银：见光易分解，应保存在棕色瓶中，放在低温避光处。

固体烧碱：易潮解，应用易于密封的干燥大口瓶保存。瓶口用橡胶塞塞严或用塑料盖盖紧。

氨水：易挥发，应密封放低温处。

硫酸及其盐溶液、氢硫酸及其盐溶液：因易被空气氧化，不宜长期放置，应现用现配。

卤水、石灰水、银氨溶液、氢氧化铜悬浊液等，都要随配随用，不能长时间放置。

气密性

气密性指化学实验仪器的气体密封性能。

气密性试验主要是检验容器的各联结部位是否有泄漏现象。介质毒性程度为极度、高度危害或设计上不允许有微量泄漏的压力容器，必须进行气密性试验。

常见分离提纯方法

1. 结晶和重结晶法：利用物质在溶液中溶解度随温度变化较大，如氯化钠、高锰酸钾。

2. 蒸馏冷却法：在沸点上差值大。如乙醇（水）中：加入新制的氧化钙吸收大部分水再蒸馏。

3. 过滤法：溶与不溶。

4. 升华法：如二氧化硅（碘）。

5. 萃取法：如用四氯化碳来萃取碘水中的碘。

6. 溶解法：如铁粉、铝粉，溶解在过量的氢氧化钠溶液里过滤分离。

7. 增加法：把杂质转化成所需要的物质：如二氧化碳（一氧化碳），通过热的氧化铜。

8. 吸收法：用于除去混合气体中的气体杂质，气体杂质必须被药品吸收；氮气和氧气的混合气体，将混合气体通过铜网吸收氧气。

9. 转化法：两种物质难以直接分离，加药品变得容易分离，然后再还原回去。如氢氧化铝、氢氧化铁，先加氢氧化钠溶液把氢氧化铝溶解，过滤，除去氢氧化铁，再加酸让铝酸钠转化成氢氧化铝。

10. 纸上层析。

常见化学实验现象

1. 镁条在空气中燃烧：发出耀眼强光，放出大量的热，生成白烟同时生成一种白色物质。

2. 木炭在氧气中燃烧：发出白光，放出热量。

3. 硫在氧气中燃烧：发出明亮的蓝紫色火焰，放出热量，生成一种有刺激性气味的气体。

铁丝在氧气中燃烧

4. 铁丝在氧气中燃烧：剧烈燃烧，火星四射，放出热量，生成黑色固体物质。

5. 加热试管中的碳酸氢铵：有刺激性气味气体生成，试管上有液滴生成。

6. 氢气在空气中燃烧：火焰呈现淡蓝色。

7. 氢气在氯气中燃烧：发出苍白色火焰，产生大量的热。管口有液滴生成。

8. 用木炭粉还原氧化铜粉末，使生成气体通入澄清石灰水，黑色氧化铜变为有光泽的金属颗粒，石灰水变混浊。

9. 一氧化碳在空气中燃烧：发出蓝色的火焰，放出热量。

10. 向盛有少量碳酸钾固体的试管中滴加盐酸：有气体生成。

11. 加热试管中的硫酸铜晶体：蓝色晶体逐渐变为白色粉末，且试管口有液滴生成。

12. 钠在氯气中燃烧：剧烈燃烧，生成白色固体。

13. 点燃纯净的氯气，用干冷烧杯罩在火焰上：发出淡蓝色火焰，烧杯内壁有液滴生成。

14. 向含有氯离子的溶液中滴加用硝酸酸化的硝酸银溶液，有白色沉淀生成。

15. 向含有硫酸银的溶液中滴加用硝酸酸化的氯化钡溶液，有白色沉淀生成。

16. 一带锈铁钉投入盛稀硫酸的试管中并加热：铁锈逐渐溶解，溶液呈浅黄色，并有气体生成。

17. 在硫酸铜溶液中滴加氢氧化钠溶液：有蓝色絮状沉淀生成。

18. 将氯气通入无色碘化钾溶液中，溶液中有褐色的物质产生。

19. 在三氯化铁溶液中滴加氢氧化钠溶液：有红褐色沉淀生成。

20. 盛有生石灰的试管里加少量水：反应剧烈，发出大量热。

21. 将一洁净铁钉浸入硫酸铜溶液中：铁钉表面有红色物质附着，溶液颜色逐渐变浅。

22. 将铜片插入硝酸汞溶液中：铜片表面有银白色物质附着。

23. 向盛有石灰水的试管里注入浓的碳酸钠溶液：有白色沉淀生成。

24. 细铜丝在氯气中燃烧后加入水：有棕色的烟生成，加水后生成绿色的溶液。

25. 强光照射氢气、氯气的混合气体：迅速反应发生爆炸。

26. 红磷在氯气中燃烧：有白色烟雾生成。

27. 氯气遇到湿的有色布条：有色布条的颜色褪去。

28. 加热浓盐酸与二氧化锰的混合物：有黄绿色刺激性气味气体生成。

29. 给氯化钠（固）与硫酸（浓）的混合物加热：有雾生成且有刺激性的气味生成。

30. 在溴化钠溶液中滴加硝酸银溶液后再加稀硝酸：有浅黄色沉淀生成。

31. 在碘化钾溶液中滴加硝酸银溶液后再加稀硝酸：有黄色沉淀生成。

32. 碘水遇淀粉，生成蓝色溶液。

33. 细铜丝在硫蒸气中燃烧：细铜丝发红后生成黑色物质。

34. 铁粉与硫粉混合后加热到红热：反应继续进行，放出大量热，生成黑色物质。

35. 硫化氢气体不完全燃烧（在火焰上罩上蒸发皿）：火焰呈淡蓝色（蒸发皿底部有黄色的粉末）。

36. 硫化氢气体完全燃烧（在火焰上罩上干冷烧杯）：火焰呈淡蓝色，生成有刺激性气味的气体（烧杯内壁有液滴生成）。

37. 在集气瓶中混合硫化氢和二氧化硫：瓶内壁有黄色粉末生成。

38. 二氧化硫气体通入品红溶液后再加热：红色褪去，加热后又恢复原来颜色。

39. 过量的铜投入盛有浓硫酸的试管，并加热，反应毕，待溶液冷却后加水：有刺激性气味的气体生成，加水后溶液呈天蓝色。

40. 加热盛有浓硫酸和木炭的试管：有气体生成，且气体有刺激性的气味。

41. 钠在空气中燃烧：火焰呈黄色，生成淡黄色物质。

42. 钠投入水中：反应激烈，钠浮于水面，放出大量的热使钠溶成小球在水面上游动，有“嗤嗤”声。

43. 把水滴入盛有过氧化钠固体的试管里，将带火星木条伸入试管口：木条复燃。

44. 加热碳酸氢钠固体，使生成气体通入澄清石灰水：澄清石灰水变混浊。

45. 氨气与氯化氢相遇；有大量的白烟产生。

46. 加热氯化铵与氢氧化钙的混合物：有刺激性气味的气体产生。

47. 加热盛有固体氯化铵的试管：在试管口有白色晶体产生。

48. 无色试剂瓶内的浓硝酸受到阳光照射：瓶中空间部分显棕色，硝酸呈黄色。

49. 铜片与浓硝酸反应：反应激烈，有红棕色气体产生。

50. 铜片与稀硝酸反应：试管下端产生无色气体，气体上升逐渐变成红棕色。

51. 在硅酸钠溶液中加入稀盐酸，有白色胶状沉淀产生。

52. 在氢氧化铁胶体中加硫酸镁溶液：胶体变混浊。

53. 加热氢氧化铁胶体：胶体变混浊。

54. 将点燃的镁条伸入盛有二氧化碳的集气瓶中：剧烈燃烧，有黑色物质附着于集气瓶内壁。

55. 向硫酸铝溶液中滴加氨水：生成蓬松的白色絮状物质。

56. 向硫酸亚铁溶液中滴加氢氧化钠溶液：有白色絮状沉淀生成，立即转变为灰绿色，一会儿又转变为红褐色沉淀。

57. 向含三价铁离子的溶液中滴入 KSCN 溶液：溶液呈血红色。

58. 向硫化钠水溶液中滴加氯水：溶液变混浊。

59. 向天然水中加入少量肥皂液：泡沫逐渐减少，且有沉淀产生。

60. 在空气中点燃甲烷，并在火焰上放干冷烧杯：火焰呈淡蓝色，烧杯内壁有液滴产生。

61. 光照甲烷与氯气的混合气体：黄绿色逐渐变浅，时间较长（容器内壁有液滴生成）。

62. 加热（170℃）乙醇与浓硫酸的混合物，并使产生的气体通入溴水，通入酸性高锰酸钾溶液：有气体产生，溴水褪色，紫色逐渐变浅。

63. 在空气中点燃乙烯：火焰明亮，有黑烟产生，放出热量。

64. 在空气中点燃乙炔：火焰明亮，有浓烟产生，放出热量。

65. 苯在空气中燃烧：火焰明亮，并带有黑烟。

66. 乙醇在空气中燃烧：火焰呈现淡蓝色。

67. 将乙炔通入溴水：溴水褪去颜色。

68. 将乙炔通入酸性高锰酸钾溶液：紫色逐渐变浅，直至褪去。

69. 苯与溴在有铁粉做催化剂的条件下反应：有白雾产生，生成物油状且带有褐色。

70. 将少量甲苯倒入适量的高锰酸钾溶液中，振荡：紫色褪去。

71. 将金属钠投入到盛有乙醇的试管中：有气体放出。

72. 在盛有少量苯酚的试管中滴入过量的浓溴水：有白色沉淀生成。

73. 在盛有苯酚的试管中滴入几滴三氯化铁溶液，振荡：溶液显紫色。

74. 乙醛与银氨溶液在试管中反应：洁净的试管内壁附着一层光亮如镜的物质。

75. 在加热至沸腾的情况下乙醛与新制的氢氧化铜反应：有红色沉淀生成。

76. 在适宜条件下乙醇和乙酸反应：有透明的带香味的油状液体生成。

77. 蛋白质遇到浓硝酸溶液：变成黄色。

78. 紫色的石蕊试液遇碱：变成蓝色。

79. 无色酚酞试液遇碱：变成红色。

知识点

胶体

胶体又称胶状分散体，是一种均匀混合物，在胶体中含有两种不同状态的物质，一种分散，另一种连续。

按照分散剂状态不同分为：

气溶胶——以气体作为分散介质的分散体系。其分散相可以是气相、液相或固相。

液溶胶——以液体作为分散介质的分散体系。其分散相可以是气相、液相或固相。

固溶胶——以固体作为分散介质的分散体系。其分散相可以是气相、液相或固相。

按分散质的不同可分为：粒子胶体、分子胶体。

延伸阅读

常见化学反应类型

化合反应（A + B→C）：由两种或两种以上物质生成另一种物质的反应。

分解反应（A→B＋C）：由一种反应物生成两种或两种以上其他物质的反应。

无机反应：指以无机化合物为反应物的各种反应。

置换反应/单取代反应（A＋BC→AC＋B）：表示额外的反应元素取代化合物中的一个元素。

复分解反应/双取代反应（AC＋BD→AD＋BC）：两个化合物交换元素或离子形成不同的化合物，大多发生在水溶液中。

有机反应：指有机化合物为反应物的各种反应。

取代反应（AB＋CD（小分子）→AC＋BD（小分子））：底物与小分子物质交换原子或原子团的过程。

加成反应（A＋B→C）：底物不饱和度降低的过程。

消除反应（A→B＋C）：底物不饱和度升高的过程，是加成反应的逆反应。

重排反应（A→B）：化合物形成结构重组而不改变化学组成物。

协同反应：指反应中化学键的断裂与形成都在同一步中完成。

酸碱反应：指酸与碱发生作用生成“酸碱加合物”的过程。这里的酸、碱可以有不同的定义：

在酸碱电离理论中，酸是溶于水后可以电离出水合氢离子的物质，碱是溶于水后电离出氢氧根离子的物质；

在酸碱质子理论中，酸是质子供体，碱是质子受体；

在酸碱电子理论中，酸是接受电子对的物质，碱是给出电子对的物质。

氧化还原反应：指涉及电子转移的反应（如：单取代反应和燃烧反应）。

燃烧反应：指底物与氧化剂（比如氧气）发生的剧烈氧化反应，反应中通常伴有发光、放热等现象。

有机实验注意事项

有机实验是化学实验活动的重要内容，对于有机实验的操作必须注意以下八点内容。

1. 注意加热方式

有机实验往往需要加热，而不同的实验其加热方式可能不一样。

（1）酒精灯加热。酒精灯的火焰温度一般在400℃～500℃，所以需要温度不太高的实验都可用酒精灯加热。教材中用酒精灯加热的有机实验是："乙烯的制备实验""乙酸乙酯的制取实验""蒸馏石油实验"和"石蜡的催化裂化实验"。

（2）酒精喷灯加热。酒精喷灯的火焰温度比酒精灯的火焰温度要高得多，所以需要较高温度的有机实验可采用酒精喷灯加热。教材中用酒精喷灯加热的有机实验是："煤的干馏实验"。

酒精喷灯

（3）水浴加热。水浴加热的温度不超过100℃。教材中用水浴加热的有机实验有："银镜实验"（包括醛类、糖类等的所有的银镜实验）"硝基苯的制取实验"（水浴温度为60℃）"酚醛树脂的制取实验"（沸水浴）"乙酸乙酯的水解实验"（水浴温度为70℃～80℃）和"糖类（包括二糖、淀粉和纤维素等）水解实验"（热水浴）。

（4）用温度计测温的有机实验有："硝基苯的制取实验""乙酸乙酯的制取实验"（以上两个实验中的温度计水银球都是插在反应液外的水浴液中，测定水浴的温度）"乙烯的实验室制取实验"（温度计水银球插入反应液中，测定反应液的温度）和"石油的蒸馏实验"（温度计水银球应插在蒸馏瓶支管口处，测定馏出物的温度）。

2. 注意催化剂的使用

（1）硫酸做催化剂的实验有："乙烯的制取实验""硝基苯的制取实验"

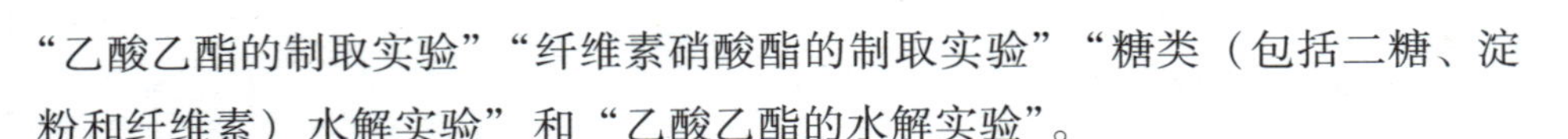

“乙酸乙酯的制取实验”“纤维素硝酸酯的制取实验”“糖类（包括二糖、淀粉和纤维素）水解实验”和“乙酸乙酯的水解实验”。

其中前四个实验的催化剂为浓硫酸，后两个实验的催化剂为稀硫酸，其中最后一个实验也可以用氢氧化钠溶液做催化剂。

（2）铁做催化剂的实验有：溴苯的制取实验（实际上起催化作用的是溴与铁反应后生成的溴化铁）。

（3）氧化铝做催化剂的实验有：石蜡的催化裂化实验。

3. 注意反应物的量

有机实验要注意严格控制反应物的量及各反应物的比例，如“乙烯的制备实验”必须注意乙醇和浓硫酸的比例为1∶3，且需要的量不要太多，否则反应物升温太慢，副反应较多，从而影响了乙烯的产率。

4. 注意冷却

有机实验中的反应物和产物多为挥发性的有害物质，所以必须注意对挥发出的反应物和产物进行冷却。

（1）需要冷水（用冷凝管盛装）冷却的实验：“蒸馏水的制取实验”和“石油的蒸馏实验”。

（2）用空气冷却（用长玻璃管连接反应装置）的实验：“硝基苯的制取实验”“酚醛树酯的制取实验”“乙酸乙酯的制取实验”“石蜡的催化裂化实验”和“溴苯的制取实验”。

这些实验需要冷却的目的是减少反应物或生成物的挥发，既保证了实验的顺利进行，又减少了这些挥发物对人的危害和对环境的污染。

5. 注意除杂

有机物的实验往往副反应较多，导致产物中的杂质也多，为了保证产物的纯净，必须注意对产物进行净化除杂。如“乙烯的制备实验”中乙烯中常含有二氧化碳和二氧化硫等杂质气体，可将这种混合气体通入到浓碱液中除去酸性气体；再如“溴苯的制备实验”和“硝基苯的制备实验”，产物溴苯和硝基苯中分别含有溴和二氧化氮，因此，产物可用浓碱液洗涤。

6. 注意搅拌

注意不断搅拌也是有机实验的一个条件。如“浓硫酸使蔗糖脱水实验”（也称“黑面包实验”，目的是使浓硫酸与蔗糖迅速混合，在短时间内急剧反应，以便反应放出的气体和大量的热使蔗糖炭化生成的炭等固体物质快速膨胀）“乙烯制备实验”中醇酸混合液的配制。

7. 注意使用沸石（防止暴沸）

需要使用沸石的有机实验：(1)“实验室中制取乙烯的实验”；(2)“石油蒸馏实验”。

8. 注意尾气的处理

有机实验中往往挥发或产生有害气体，因此必须对这种有害气体的尾气进行无害化处理。

甲烷、乙烯、乙炔的制取实验中可将可燃性的尾气燃烧掉；“溴苯的制取实验”和“硝基苯的制备实验”中可用冷却的方法将有害挥发物回流。

沸　石

沸石是一种矿石，最早发现于1756年。瑞典的矿物学家克朗斯提发现有一类天然硅铝酸盐矿石在灼烧时会产生沸腾现象，因此命名为“沸石”。

自然界已发现的沸石有30多种，较常见的有方沸石、菱沸石、钙沸石、片沸石、钠沸石、丝光沸石、辉沸石等，都以含钙、钠为主。它们含水量的多少随外界温度和湿度的变化而变化。

有机化学的研究内容

有机化合物和无机化合物之间没有绝对的分界。有机化学之所以成为化学中的一个独立学科，是因为有机化合物确有其内在的联系和特性。

位于周期表当中的碳元素，一般是通过与别的元素的原子共用外层电子而达到稳定的电子构型的（即形成共价键）。这种共价键的结合方式决定了有机化合物的特性。大多数有机化合物由碳、氢、氮、氧几种元素构成，少数还含有卤素和硫、磷等元素。因而大多数有机化合物具有熔点较低、可以燃烧、易溶于有机溶剂等性质，这与无机化合物的性质有很大不同。

在含多个碳原子的有机化合物分子中，碳原子互相结合形成分子的骨架，别的元素的原子就连接在该骨架上。在元素周期表中，没有一种别的元素能像碳那样以多种方式彼此牢固地结合。由碳原子形成的分子骨架有多种形式，有直链、支链、环状等。

在有机化学发展的初期，有机化学工业的主要原料是动植物体，有机化学主要研究从动植物体中分离有机化合物。

19 世纪中到 20 世纪初，有机化学工业逐渐变为以煤焦油为主要原料。合成染料的发现，使染料、制药工业蓬勃发展，推动了对芳香族化合物和杂环化合物的研究。20 世纪 30 年代以后，以乙烯为原料的有机合成兴起。40 年代前后，有机化学工业的原料又逐渐转变为以石油和天然气为主，发展了合成橡胶、合成塑料和合成纤维工业。由于石油资源将日趋枯竭，以煤为原料的有机化学工业必将重新发展。当然，天然的动植物和微生物体仍是重要的研究对象。

化学实验活动安全守则

在实验室，经常要用到水、电、煤气和各种仪器、药品。化学药品中，很多是易燃、易爆、有腐蚀性和有毒的。实验室潜藏着各种事故发生的隐患。

因而，重视安全操作，学会一般救护措施是非常必要的。

注意安全不仅是个人的事情。发生了事故不仅损害个人的健康，还要危及周围的人们。

因此，第一，需要从思想上重视实验安全工作，决不能麻痹大意。第二，在实验前应了解仪器的性能和药品的性质以及本实验中的安全事项。在实验过程中，应集中注意力，并严格遵守实验安全守则，以防意外事故的发生。第三，要学会一般的救护措施。一旦发生意外事故，可进行及时处理。第四，对于实验室的废液，也要知道一些处理的方法，以保持实验室环境不受污染。

1. 电器装置与设备的金属外壳应与地线连接，使用前应先检查其外壳是否漏电。不要用湿的手、物接触电源。水、电、煤气、酒精灯一经使用完毕，就立即关闭。遇停电、停水也要马上关闭以防遗忘（使用冷凝管时容易忘记关冷却水）。点燃的火柴用后立即熄灭，不得乱扔。

2. 为了防止误服化学药品而中毒，严禁在实验室内饮食、吸烟，把食具带进实验室，或以实验容器当水杯、餐具使用。严禁在实验室穿拖鞋。实验中，不要用手摸脸、擦眼等。实验完毕，必须洗净双手。

3. 绝对不允许随意混合各种化学药品，以免发生意外事故。

4. 金属钾、钠和白磷等暴露在空气中易燃烧，所以金属钾、钠应保存在煤油中，白磷则可保存在水中，取用时要用镊子。避免金属钠与水、卤代烷直接接触，以免因剧烈反应而发生爆炸。

5. 一些有机溶剂（如乙醚、乙醇、丙酮、苯等）极易被引燃，使用时必须远离明火、热源，不能将广口容器内（如烧杯内）用明火、电炉加热，应水浴加热，用毕立即盖紧瓶塞。

易燃溶剂用完应倒到回收瓶，不得倒入废液缸或敞口容器，防止蒸气挥发起火及损失。蒸馏易燃溶剂的接收器支管应导到水槽或室外。

热油浴加热时切勿使水溅入油中，以免油外溅造成烫伤或溅到热源上起火。

加热源不得靠近木质或木质器壁，其底部不能直接与木质桌面接触，应当用石棉板或瓷板做衬垫，与木质桌面隔离。有时见试剂瓶内有不溶物，直接在灯火上加热，从而引起瓶底炸裂而着火。要防止浓硝酸与棉织物甚至干枯树叶等接触而引燃。

蒸馏的冷凝水要保持通畅，若冷凝管忘记通水，大量蒸气溢出，也易造成火灾。

6. 使用易燃易爆气体，要保持室内空气流通，严禁明火或敲击、开关电器（产生火花）。含氧气的氢气遇火易爆炸，操作时必须严禁接近明火。在点燃氢气前，必须先检查并确保纯度符合要求。银氨溶液不能留存，因久置后会变成氮化银，也易爆炸。

烧 杯

某些强氧化剂如氯酸钾、硝酸钾、高锰酸钾等，乙炔银、乙炔铜、偶氮二异丁腈、过氧化苯甲酰、二硝基甲苯、三硝基甲苯、苦味酸及其金属盐、干燥的重氮盐、叠氮化物、硝酸酯等，都是易爆的危险品，不要用磨口容器盛装，不要研磨，不要用金属筛网过筛，不要使其撞击或受热，以免引起爆炸。

有些有机化合物如醚或共轭烯烃，久置后会生成易爆炸的过氧化合物，须特殊处理后才能应用。因此，蒸馏乙醚时，要检查是否有过氧化物的存在。可取少许乙醚，加入碘化钾的酸性溶液，若有碘析出，表示有过氧化物存在，则应在蒸馏前，先除去过氧化物（用酸化过的硫酸亚铁溶液洗涤乙醚）。

7. 注意保护眼睛，必要时带防护镜。防止眼睛受刺激性气体的熏染，更要防止化学药品等异物进入眼内。倾注药剂或加热液体时，容易溅出，不要俯视容器。尤其是浓酸、浓碱、洗液、液溴及其他具有强腐蚀性的液体，切勿使其溅在皮肤或衣服上，眼睛更应注意防护。稀释酸、碱时（特别是浓硫酸），应将它们慢慢倒入水中，而不能反向进行，以免迸溅。加热试管时，切记不要使试管口向着自己或别人。

8. 不要俯向容器去嗅放出的气味。面部应远离容器，用手把逸出容器的气体慢慢地扇向自己的鼻孔。使用有毒试剂或能产生有刺激性、有毒气体的实验必须在通风橱内进行。有时也可用气体吸收装置以除去反应中所生成的有毒气体。操作时头应在通风橱外面，以防中毒。夏天开启浓氨水、盐酸时一定先用自来水冷却再打开（开启氨瓿时需要用布包裹）；开启时瓶口须指向无人处，以免由于液体喷溅而遭致伤害。如遇瓶塞不易开启时，必须注意瓶内贮物的性质，切不可贸然用火加热或乱敲瓶塞等。

9. 有毒药品（如重铬酸钾、钡盐、铅盐、砷的化合物、汞的化合物，特别是氰化物）不得进入口内或接触伤口。剩余的废液也不能随便倒入下水道，应倒入废液缸或指定的容器里。有些有毒物质会渗入皮肤，因此使用时必须戴橡皮手套，操作后应立即洗手。不要将碳酸钠（或碳酸钾）、碳酸氢钠（或碳酸氢钾）与酸一起倒在废液缸内，以免产生大量泡沫而使缸内废液溢出废液缸，污染实验室地面。

10. 金属汞易挥发，并通过呼吸道而进入人体内，逐渐积累会引起慢性中毒。所以做金属汞的实验应特别小心，不得把金属汞洒落在桌上或地上。一旦洒落，必须尽可能收集起来，并用硫黄粉盖在洒落的地方，使金属汞转变成不挥发的硫化汞。

11. 常压操作时切勿在密闭系统内进行加热反应，在反应进行过程中要经常注意仪器装置的各部分有无堵塞现象。

减压蒸馏时，要用圆底烧瓶或吸滤瓶做接收器，不得使用机械强度不大的仪器（如锥形瓶、平底烧瓶、薄壁玻璃仪器等），否则可能发生炸裂，要仔细检查仪器有无破损和裂缝。

回流或蒸馏液体时应放沸石，以防溶液因过热爆沸而冲出。若在加热后发现未放沸石，则应停止加热，待稍冷后再放，否则在过热溶液中放入沸石会导致液体迅速沸腾，冲出瓶外而引起火灾。不要用火焰直接加热烧瓶，而应根据液体沸点高低使用石棉网、油浴或水浴。冷凝水要保持畅通，若冷凝管忘记通水，大量蒸气来不及冷凝而逸出，也易造成火灾。

12. 实验室废液分别收集并进行处理：

（1）无机酸类：将废液慢慢倒入过量的含碳酸钠或氢氧化钙的水溶液中或用废碱互相中和，中和后用大量水冲洗。

（2）氢氧化钠、氨水用6mol/L盐酸溶液中和，用大量水冲洗。

（3）含汞、砷、锑、铋等离子的废液：控制酸度，使其生成硫化物沉淀。

（4）含氟废液：加入石灰使生成氟化钙沉淀。

13. 废弃的有害固体药品严禁倒入生活垃圾处，必须经处理解毒后丢弃。

14. 实验室内禁止吸烟、进食，不能用实验器皿处理食物。离开实验室前用肥皂洗手。

15. 进行实验时应穿工作服，长发要扎起，不应在食堂等公共场所穿工作服。进行有危险性工作要戴防护用具。

16. 实验室应备有消防器材、急救药品和劳保用品。

17. 实验完毕检查水、电、气、窗，进行安全登记后方可锁门离开。

18. 在使用一种不了解的化学药品前应做好的准备有：明确这种药品在实验中的作用，掌握这种药品的物理性质（如熔点、沸点、密度等）和化学性质；了解这种药品的毒性；了解这种药品对人体的侵入途径和危险特性；了解中毒后的急救措施。

共轭烯烃

一类含碳—碳双键的烯烃分子。它们的双键和单键是相互交替排列的。如果双键被两个以上单键所隔开，则称非共轭分子；如果共轭烯烃分子的碳链首尾相连接，则生成环状共轭多烯烃。

共轭分子含有一个共轭体系，表现出特有的性能。非共轭分子中的每个双键各自独立地表现它们的化学性能，一般可以用双键的性质来推断它们的性能。共轭分子中的两个双键形成一个新体系，它们在吸收光谱、折射率、键长和氢化热等方面都不同。

催吐急救知识

催吐是误服药物后的急救方法，误服药物的现场急救方法有催吐、洗胃、导泻和灌肠。其中，催吐是急救第一招。而且是在送医院或等急救车到来之前，就应着手进行的。一般来说，除了误服一些特殊药物和液体，都应立即进行催吐。通过催吐，可快速将进入胃内、尚未吸收的药物排出体外，从而达到减轻中毒、缓解症状的目的。

最简单的方法是可用手指、木筷、羽毛等物品反复刺激患者的咽后壁，引起其反射性的恶心、呕吐；也可让患者喝肥皂水、硫酸铜、吐根糖浆等，这些液体具有催吐的作用。

然后，让患者喝清水、生理盐水或1∶5 000的高锰酸钾溶液，每次300～500毫升，尽量稀释患者胃内的误服药物，如此反复多次洗胃和催吐。如果是误服有机磷农药者，要吐到呕吐物不再有农药气味为止。

如果患者已昏迷，可在医生指导下，尽快插胃管，反复洗胃催吐，直至洗出的胃液没有药味为止。同时，应注意让患者取侧卧位，以免呕吐物和分泌物误入呼吸道而造成窒息。这样处理后，可明显减轻患者的病情。如病情仍不见缓解，应迅速将患者送入医院救治。

常见化学事故应对

机械损伤的原因及预防和急救

在中学化学实验中，机械操作主要来自玻璃割伤，有时也会受金属钝器碰伤。

1. 引起机械损伤的原因

由于玻璃仪器的使用和操作不当，如切割玻璃管或玻璃棒、将玻璃管插入橡皮管或橡皮塞、装配或拆玻璃仪器不规范等，都可能使玻璃仪器破损，致使玻璃碎片割伤手指。

2. 机械损伤预防

（1）切割玻璃管或玻璃棒时，要严格按照规程进行操作（可参考有关资料中玻璃的简单加工）。玻璃管或玻璃棒的截断面，使用前，一定要熔烧圆滑。

（2）在玻璃管插入皮管或皮塞孔隙时，要正确选择皮管的口径向钻孔器的口径（以略小玻璃管的口径为宜），然后用水或甘油浸湿皮管或橡皮塞孔隙的内部，将玻璃管轻轻地转动，慢慢插入，切忌用力过猛。

（3）在玻璃碎片散落在实验桌或地上时，要仔细清理干净。

（4）装配或拆卸仪器时，要防备支管连接处和玻璃器皿的破损，尤其在拆卸时更要小心，以防玻璃碎片上的化学污物进入伤口，使伤情复杂化。

（5）打开新到的玻璃仪器时，要特别小心，因为仪器在运输过程中可能受到外力而破碎。

3. 伤后急救

现场处理的首要任务是抢救生命、减少伤员痛苦、减少和预防伤情加重及发生并发症，正确而迅速地把伤病员转送到医院。

A. 急救步骤

（1）报警。一旦发生人员伤亡，不要惊慌失措，马上拨打120急救电话报警。

（2）对伤病员进行必要的现场处理。

①迅速排除致命和致伤因素。如搬开压在身上的重物，撤离中毒现场，如果是意外触电，应立即切断电源；清除伤病员口鼻内的泥沙、呕吐物、血块或其他异物、保持呼吸道通畅等。

②检查伤病员的生命特征。检查伤病员呼吸、心跳、脉搏情况。如无呼吸或心跳停止，应就地立刻开展心肺复苏。

③止血。有创伤出血者，应迅速包扎止血。止血材料宜就地取材，可用加压包扎、上止血带或指压止血等。然后将伤病员尽快送往医院。

④如有腹腔脏器脱出或颅脑组织膨出，可用干净毛巾、软布料或搪瓷碗等加以保护。

⑤有骨折者用木板等临时固定。

⑥神志昏迷者，未明了病因前，注意心跳、呼吸、两侧瞳孔大小。有舌后坠者，应将舌头拉出或用别针穿刺固定在口外，防止窒息。

（3）迅速而正确地转运伤病员。按不同的伤情和病情，按病情的轻重缓急选择适当的工具进行转运。运送途中应随时关注伤病员的病情变化。

B. 受伤简易处理办法

出血：可以把身上的衣服撕成布片，对出血的伤口进行局部加压止血。

骨折：现场可以找块小夹板、树枝等物，对患肢进行包扎固定。

头部创伤：把伤者的头偏向一边，不要仰着，因为这样会引起呕吐，极易造成伤者窒息。

腹部创伤：将干净容器扣在腹壁伤处，防止发生腹腔感染。

呼吸心跳停止：及时对伤者进行口对口的人工呼吸，并进行简单的胸外按压。

化学灼伤

化学灼伤，是由于化学性质较强的物质（气体、液体或固体），直接作用于皮肤或组织表面引起的灼伤。

1. 化学灼伤的特征

化学腐蚀品造成的化学灼伤与火烧伤、烫伤不同，主要有三个特征：

（1）化学灼伤，开始时往往不太痛，人们容易忽略，一旦发觉，组织已被损坏。

（2）化学灼伤，往往造成组织的坏死以及化学毒物的侵入，使伤口较难痊愈。

（3）不同类别的化学灼伤，急救措施不同，要根据灼伤物的不同性质，分别进行急救。

2. 如何预防化学灼伤

（1）开启大瓶药品时，如有石膏封口，必须用锯子小心地将石膏锯开，严禁用钝器敲打，以免将瓶子击破。启开瓶盖时，特别是热天，切忌脸孔或身子俯在瓶口上方。

（2）强腐蚀类刺激性药品，如强酸、强碱、浓氨水、三氯化磷、浓过氧化氢、氢氟酸、液溴等，在搬运时，必须一手托在底部，一手拿住瓶颈；取用时应尽可能戴上橡皮手套和防护眼镜；用移液管取用时，严禁用嘴吸，应用橡皮吸球（洗耳球）进行操作。

（3）稀释浓硫酸时，必须在烧杯等耐热容器中进行，边用玻璃棒不断搅拌，边将浓硫酸慢慢注入水中，绝不可将水加到浓硫酸中，也不允许直接在量筒等不耐热器皿中稀释。在溶解碱（如氢氧化钠、氢氧化钾）等发热物质时，也必须在耐热器皿中进行操作，边溶解，边用玻璃棒搅拌。在中和酸碱时，应先行稀释，再进行中和。

（4）取用遇水要发热、易燃和强腐蚀性的固体药品，如金属钾、金属钠、黄磷、生石灰等，必须用镊子或角匙取用，切不可直接用手拿。

（5）在切割白磷和金属钾、钠时，要用钳子钳住固体，小心切割。白磷必须在水下切割，切割后，不用的及时放回储瓶中，尽量缩短与空气的接触时间。溅散要及时处理碎片。在压碎和研磨碱和其他危险物品时，也应注意和防范碎片溅散。

（6）需要用浓硫酸反应并加热时（如制备乙烯、乙醚、氯气等），要特别小心。首先应仔细检查加热容器是否完好无损，加热时，眼睛要离开装置一段距离；如用试管加热，要缓慢进行，切不可将试管口对着人。

3. 化学药品灼伤救治

（1）酸灼伤

皮肤上，立即用大量水冲洗伤处，然后用碳酸氢钠溶液洗涤，再用清水洗净，涂上甘油。若有水泡，则涂上紫药水。

眼睛上，应抹去溅在眼睛外面的酸，立即用水冲洗，用洗眼杯或橡皮管套上水龙头，用慢水对准眼睛冲洗后，用稀碳酸氢钠溶液洗涤，最后滴入少许蓖麻油。

若衣服上沾有浓硫酸，可先用棉花或干布吸取浓硫酸，再用水、稀氨水和水冲洗。

（2）碱灼伤

皮肤上，先用水冲洗伤处，然后用饱和硼酸溶液或醋酸溶液洗涤，再涂药膏并包扎好。

眼睛上，应抹去溅在眼睛外面的碱，用水冲洗，再用饱和硼酸溶液洗涤，最后滴入蓖麻油。

衣服上，先用水洗，然后用醋酸溶液洗涤，再用氨水中和多余的醋酸，最后用水冲洗。

（3）溴灼伤

如滴落到皮肤上，应立即用水冲洗，再用1体积氨水、1体积松节油和10体积酒精混合液涂敷；也可先用苯甘油除去溴，然后用水冲洗。如果眼睛受到溴蒸气的刺激，暂时不能睁开时，应对着盛有酒精的瓶口尽力注视片刻。

（4）磷灼伤

先用水冲洗多次，然后用碳酸氢钠溶液浸泡，以中和生成的磷酸。再用硫酸铜溶液洗涤，使磷转化为难溶的磷化铜，再用水冲洗残余的硫酸铜，最后按烧伤处理，但不要用油性敷料。

（5）氢氟酸灼伤

先用水多次冲洗，然后用碳酸氢钠溶液洗涤，再涂氧化镁甘油糊剂，或敷上氢化可的松软膏。

（6）酚灼伤

先用浸了甘油或聚乙二醇和酒精混合液（7∶3）的棉花除去污物，再用清水冲洗干净，然后用饱和硫酸钠溶液湿敷。

皮肤上沾有酚，也可以用4体积酒精和1体积氯化铁溶液组成的混合液冲洗，但不可用水冲洗污物，否则有可能使创伤加重。

（7）汞的处理

汞在常温就能蒸发，汞蒸气能致人慢性或急性中毒。因此汞撒落地上，尽量用纸片将其收集。再用硫粉或锌粉撒在残迹上。

4. 中毒

溅入口中而尚未下咽的毒物应立即吐出，用大量水冲洗口腔；如已吞下应据毒物性质服解毒剂，并立即送医院。

（1）腐蚀性毒物

对强酸，先饮用大量水，再服用氢氧化铝膏，鸡蛋白；对于强碱，也先饮大量的水，再服用醋酸果汁、鸡蛋白。不论酸或碱中毒，都需要灌注牛奶，不要吃呕吐剂。

（2）刺激性及神经性中毒

先服牛奶或鸡蛋白使之缓和，再服用硫酸铜溶液（30克溶于一杯水中）

催吐，有时也可以用手指伸入喉部催吐后，立即送往医院。

（3）吸入气体中毒

通过呼吸道吸进有毒气体、蒸气、烟雾而引起呼吸系统中毒时，应立即将病人移至室外空气新鲜的地方，解开衣领，使之温暖和安静，切勿随便进行人工呼吸。因吸入少量氯气、溴蒸气而中毒者，可用碳酸氢钠溶液漱口，不可进行人工呼吸；一氧化碳中毒，不可施用兴奋剂。

5. 口、眼的化学灼伤与急救

口、眼皮肉对腐蚀性药物特别敏感，一旦灼伤，如不及时处理，容易发炎甚至溃烂。在使用危险药品时，要特别注意保护口腔与眼睛，应戴上防护眼镜和口罩。

（1）眼睛的化学灼伤

凡溶于水的化学药品进入眼睛，应立即用水洗涤，然后根据不同情况分别处理：如属碱类灼伤，则用2%的医用硼酸溶液淋洗；如属酸类灼伤，则用3%的医用碳酸氢钠溶液淋洗。重者应立即送医院治疗。

（2）口腔的化学灼伤

迅速用蒸馏水或自来水漱口，然后酌情处理：如属碱类灼伤，用2%的硼酸溶液反复漱口；如属酸类灼伤，则用3%的碳酸氢钠溶液反复漱口。最后，都应用洁净水多次漱洗。

蒸馏水

蒸馏水是指用蒸馏方法制备的纯水。可分一次和多次蒸馏水。水经过一次蒸馏，不挥发的组分残留在容器中被除去，挥发的组分进入蒸馏水的初始馏分中，通常只收集馏分的中间部分，约占60%。要得到更纯的水，可在一次蒸馏水中加入碱性高锰酸钾溶液，除去有机物和二氧化碳；加入非挥发性的酸，使氨成为不挥发的铵盐。

延伸阅读

化学危险物品分类

易爆物品：此类物品具有易于燃烧和爆炸性能。当受到高热、震动、摩擦、撞击等外加作用或与酸碱等物品接触时，发生剧烈的化学反应，产生大量气体和热量，同时气体急剧膨胀而引起爆炸。

氧化剂：此类物品具有强烈氧化性能，具体品种之间还可能互有抵触。除部分有机氧化剂外，其本身虽不燃烧，但在一定的条件下，经受摩擦、震动撞击、高热或遇酸碱的物质，在受潮，接触易燃物、有机物、还原剂以及和性质有抵触的物品混存时，即能分解，发生燃烧和爆炸。

压缩气体和液化气体：气体经压缩成为压缩气体或液化气体而贮存于受压容器中，此类物品不论其本身性质如何，都具有受热膨胀的特性，若内部压力大于容器所能承受耐压限度时，或撞击使容器受损，即能引起爆炸燃烧的危险。有的还有毒害性，按其性质，分为四项：

自燃物品：此类物品在适当温度的空气中，虽未与明火接触，依靠自身的分解、氧化作用而发热，达到物品燃烧点，即能引起燃烧。

遇水燃烧物品：此类物品遇水或在潮湿空气中能迅速分解，放出高热并产生易燃、易爆气体，从而引起燃烧爆炸，按其遇水活泼程度可分为：

易燃固体：此类物品燃点（着火点）较低，易被氧化。受热、遇火、受冲击或摩擦以及与氧化剂、强酸等接触时，能引起猛烈燃烧或爆炸，燃烧时放出大量有毒有害气体。

毒害品：此类物品具有强烈的毒害性，少量侵入人体、畜体内或触及皮肤时，即可造成局部刺激或中毒，甚至死亡。

腐蚀物品：此类物品具有强烈腐蚀性，与其他物品接触能因腐蚀作用而发生破坏现象，与人体接触能发生灼伤，且较难医治。

放射性物品：此类物品具有放射性，能放射出穿透力很强、人们感觉器官不能觉察到的射线。侵入人体时为内照射，人体外部受辐射为外照射。与大剂量放射性物质直接接触时能损害人体。

生物科技活动必知

浩瀚而神秘的大自然里，生活着一群生物，它们既有植物，有动物，也有微生物。在地球这个广阔的空间里，它们以自己独有的方式生活并繁衍着，和人类构成了一个完整、和谐的世界。

生物学是一门实验性科学，观察和实验是生物科学的基本研究方法。通过实验，青少年可以在操作中将动眼、动手和动脑活动有机地结合起来，既掌握一定的基础知识，又得到必要的基本技能的训练，既培养了实际操作能力，同时也提高了观察和思维能力。

制作生物标本的意义与原则

在自然科学中，常会提到“标本”一词。什么是标本？根据字意和不同的引用范围，对标本有不同的解释。标本有表里、内外、本末的意思。就教学科研来说，标本通常是指能够提供观摩、研究用的经过整理而保持原形的动物、植物、矿物等实物样品。这一宏观概念比较简要明确。

制作生物标本的意义

在生物教学、科研工作中，经常要做些生物标本的采集、制作活动。生物标本是指经过加工保存，保持原形或特征，供生物教学、科学研究或陈列观摩用的动物、植物和微生物。生物标本依制作对象不同，可分动物标本、植物标本和微生物标本；依制作方法不同，可分干制标本、浸制标本、剥制标本、腊叶标本、玻片标本等，也有把剥制标本和腊叶标本列入干制标本的。

1. 生物标本的教学意义

生物标本的用途是多方面的，在科学研究和生物教学方法的选择上都离不开生物标本，在绘图、展览、观赏等方面生物标本也有重要作用。

就科学研究来说，生物标本可以为科研工作者提供最直接、可靠、精确的直观实物及有关数据，对于在室内深入研究动植物的生活、生长及发育规律有重要意义。

例如，植物分类学家在对各种植物进行系统分类时，必须以植物标本作为主要依据，分析它们之间在根、茎、叶、花、果实、种子等方面的相同点和不同点，正确判断出它们的特征，才能对每一种植物作出准确无误的鉴定。

李时珍像

我国明代杰出的医药学家李时珍，重视临床实践，主张革新，在群众的协助下，经常上山采药，深入民间，向农民、渔民、樵夫、药农、铃医请教，同时参考历代医药及有关书籍，并收集整理宋、元时期民间发现的很多药物，充实了医药学内容，经过27年的艰苦努力，著成《本草纲目》一书。在这部巨著中，李时珍根据对植物标本的分类、定名、鉴定，使一些由于不同药物有着同一名称，同一药物有着不同名称所引起的混乱得以澄清，书中共收集原有诸家《本草》所载药物1 518种，新增药物 374 种，是我国医药学的一份宝贵遗产。

在生物教学中，生物标本的用途更加广泛。中国有句成语，叫做“百闻不如一见”，即使在科学技术比较发达的今天，这句成语仍然符合实际。在课堂里，常常会出现这样的现象：教师在讲台上无论怎样用生动具体的语言描述某个动物的特征，讲台下听课的学生仍然无精打采，提不起精神；但当教师出示了这一动物标本后，课堂气氛顿时活跃起来，学生的注意力集中到这个形象而生动的“动物体”上，教师的讲解把他们带进一个引人入胜的境地，使他们一面听讲，一面观察，大脑也同时在记忆、思考。这样的生物课，教师教得生动活泼，学生学得津津有味，而且懂得快，记得牢。

2. 生物标本在课外科技活动中的意义

在生物课外小组的活动中，生物标本的采集与制作是备受师生喜爱的一种活动。采集标本意味着学生必须走向大自然，开阔视野，活跃思想，启迪思维；制作标本时，学生不仅亲自动手做出栩栩如生、招人喜爱的生物标本，而且进一步巩固了所学的生物学知识，提高了自己的观察能力和动手能力。

化石标本

另外，在自然博物馆里，我们常常可以见到许多珍贵的动植物标本，这些生物标本的展出，为广大青少年和科技工作者提供了学习生物学知识的条件；在商店的柜台上和窗橱中，常常摆设有生物标本，这些被制成各种形态奇特、活灵活现的生物工艺品，可供广大群众观赏、购买。

最后，在绘画和制图方面，生物标本还是最形象、直观的临摹道具。

生物标本采集制作的基本原则

采集和制作一件合格的生物标本，不是一件十分容易的事，这不仅需要经过一系列的加工处理，而且要严格遵循有关的基本原则。

1. 真实性原则

生物标本若失去了真实性，那就没有一点价值，并且也毫无意义。如果在做生物标本时不使用生物体本身，而采用其他什么东西代替，这样炮制出来的“标本”就不能称其为生物标本。对于不同动植物体的不同部分是不能拼凑的，必须防止以假乱真而失去标本的真实性。真实性原则要求生物标本一定是实实在在的生物实体。

2. 典型性原则

典型性是指你所采集的生物标本必须是能够体现这一物种的最突出的特征，并且这些特征是最明显、最能说明问题的。为此，一定要采集那些具有典型特征的生物体，不典型将会给分类、定名、识别、辨认带来许多不必要的麻烦。

3. 完整性原则

完整这个词大家并不陌生，就是指生物体不能缺东少西，丢这掉那，而应是一个完全的整体。例如，一棵植株包括根、茎、叶、花、果实、种子，制作一个完整的草本植物蜡叶标本，这六个部分就应完整无缺；如果在采集时不慎碰坏了花，丢了果实或弄断了根，这棵植株就不宜再做标本，做了也已失去它本身的生物学意义。因为植物生长发育有阶段性，所以通常不易一次采集到花果俱全的植株整体，而需要根据不同种类的植物花期、果期分次补采齐全。

4. 以科学性为主、艺术性为辅的原则

生物标本在制作技术、定名等方面都应尊重科学，即生物标本应具有科学性，这是不言而喻的。但我们同时还应注意生物标本的艺术性，有些标本的确科学性很强，但粗制滥造，叫人看起来很不舒服，这也是不可取的。因此，制作生物标本是科学性与艺术性相结合的一项技术操作。

相对来说，属于科普范围内的生物标本，在强调科学性的同时，有必要在制作过程中适当配合一些工艺手段，像标本的姿态和配装一些简要的背景，以及适度的装潢等。但是，既然是生物标本，就应以科学性为主，艺术性为辅，一些不必要的加工缀饰不宜喧宾夺主地过于发挥，以免失去标本的科学应用价值，也就是说，应该注意保持生物标本的科学严肃气氛。

例如，在中学植物标本竞赛中，有的参赛标本适当加饰了彩色吹塑纸作为标本的衬托，外观比较协调大方，但是有的标本在衬托之外又粘贴了不必要的花边，费了较多的工夫，实际上反倒破坏了标本的严肃性。

蜡叶标本

知识点

矿　物

矿物指由地质作用所形成的天然单质或化合物。它们具有相对固定的化学组成，呈固态者还具有确定的内部结构；它们在一定的物理化学条件范围内稳定，是组成岩石和矿石的基本单元。

延伸阅读

植物分类的方法

回顾植物分类学的发展史，可以大体上把植物分类分成林奈以前（约公元前300至公元1753）和林奈以后（从1753年到现在）两个大的时期。

林奈以前的时期由于生产力水平很低，科学技术水平也低，而且受到“神创论”、“不变论”的思想统治，这一时期的植物分类和分类方法基本上为人为的方法，其基本特征是根据植物的用途，或仅根据植物的一个或几个明显的形态特征进行分类，而不考虑植物种类彼此间的亲缘关系和在系统发育中的地位。代表这一时期分类思想顶峰的为瑞典的林奈，他选择了植物的生殖器官如雌蕊和雄蕊的数目和形态为特征，即依据雄蕊的特征作为纲的分类标准；依据雌蕊的特征作为目的分类标准；依据果实的特征作为属的分类标准；依据叶子的特征作为种的分类标准。

植物分类发展的第二个时期，即林奈以后的时期，这个时期的最大变化是逐步由人为的分类方法发展到自然的分类方法。所谓自然的分类方法就是最接近进化理论，最能反映植物亲缘关系和系统发育的方法。这种分类方法是从形态学、解剖学、细胞学、遗传学、生物化学、生态学、古生物学等综合学科进行分类，特别依据最能反映亲缘关系和系统演化的主要性状进行分类。自然分类方法的发展是和达尔文的进化理论分不开的。这些系统虽然还只是个初步的，距离建立起一个较完备的自然进化系统相差很远，而且这些系统间还有很多相反的理论和观点，但它们比起人为的分类系统显然是一个质的飞跃。

植物标本的采集

采集植物标本和采集其他标本一样，要有目的、有计划地进行。现将采集要点简要介绍如下。

采取全株

采集草本植物通常是选择典型、完整的进行全株挖取。扎根较浅，土壤疏松时，可用手提、手拔；根系较深、土质较硬时，不可轻易拔取，要用小铁铲在根部周围松土浅挖，顺势将植株提出；有的还要用小铁锹深挖，扩大挖面，待露出主根后再设法取出，谨防折断主根。

所谓典型，是指所采的标本要具有明显的分类特征，在同种植物中有较强的代表性。

所谓完整，是指整株标本的根、茎、叶、花、果俱全，并基本完好无损。由于植物的生长发育阶段不同，遇到尚未开花、结果时，可先采下植株，留下标记，记下采集地点，待花、果期再来补采配齐。

每种植物标本一般采集3～5份，教学所需以及珍稀、奇异或有重大经济价值的植物，可酌量多采几份。寄生植物如菟丝子、桑寄生等，采集时要把它们的寄主植物也采下一些，两种标本放在一起，并注明它们之间的关系。

益母草

有些植株上的部分结构是分类鉴定时的重要依据，则应尽量选取采齐，如十字花科、伞形科、槭树科、紫草科植物的果实，沙参属、益母草属及伞形科的基部和茎上的叶片，兰科、杜鹃属等植物的花，百合科、兰科、薯蓣科、天南星科、石蒜科、莎草科、茄科、旋花科、桔梗科等某些植物的地下部分（球茎、块根、鳞茎、块茎、圆锥根），以及鸢尾科、蕨类植物的根状茎等，都是分类上的重要依据。蕨类植物还必须采取有孢子囊群的标本，有匍匐茎的植物应和新生的植株一并采下。

编号记录

采下的标本要及时编号挂签，同种数份（个）要挂同一编号的小号签。号签挂在植株中部，这样不易脱落。挂好号签后即将有关标本的一些情况进行登记，按要求内容填写到记录本上。

记录内容也可根据专业需要予以增减，但要做到采后即记，当天清结。

标本处理

采下的标本挂上号签后，要及时进行初步整理并放入标本夹。入夹前先将植株上的浮尘污物抖下或用湿布轻轻拭去，粘连在根部的泥土也要去净。然后摘除破败的叶片等，略做清理，再在标本夹的底板上铺垫5张吸水纸，把标本平放在吸水纸上，舒展枝叶，使叶片有正面也有反面。接着在标本上垫吸水纸3张，以后随放随垫。垫纸时要注意垫实垫平，上下层的植株根部要颠倒着放，以保持标本夹的压力均衡。根部较粗、果实较大的标本放进标本夹加压时容易出现空隙，使部分枝叶受不到压力而卷缩皱褶，这时可用吸水纸将空隙填满垫平，再盖上盖板，加压扣紧，继续另采。

上面讲的是高度一般不超过40厘米的草本植物的处理方法。如植株较高，可将植物茎折曲成N或W形压放，高秆植物可先取下顶部的花，再截取根部和部分带1～2片叶的茎，如此分做三段制成标本。截取前要先量下整株的高度，以供鉴定参考。

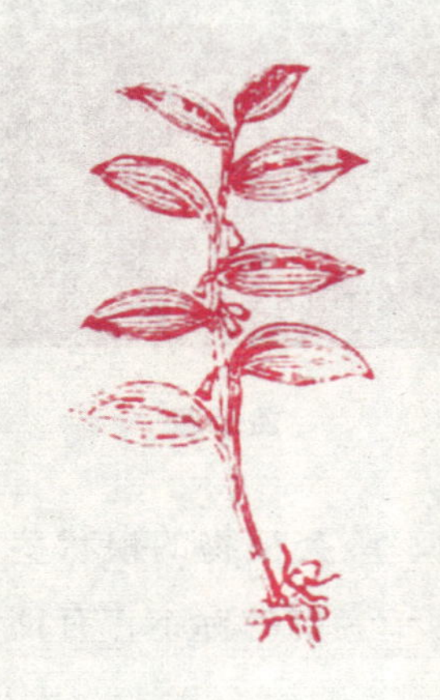

植物标本的处理方式——直放

植物标本的处理方式——N形

植物标本的处理方式——W形

植物标本的处理方式——三截式

知识点

鳞　茎

鳞茎，某些种子植物，尤其是多年生单子叶植物的处于休眠阶段的变态茎。鳞茎包括较大且通常为球形的地下芽和伸出地面的短茎，膜质或肉质的叶互相重叠，从短茎上生出。洋葱即为熟知的鳞茎。鳞茎的肉质叶用以储存食物，可使植株于缺水时（如冬季或干旱时）休眠，当条件有利时又恢复生机。某些植物鳞茎上的肉质叶实为扩大的叶基。

延伸阅读

植物进化简史

植物分藻类、蕨类、苔藓植物和种子植物，种子植物又分为裸子植物和被子植物。有30多万种。

植物距今二十五亿年前（元古代），地球史上最早出现的植物属于菌类和藻类，其后藻类一度非常繁盛。直到四亿三千八百万年前（志留纪），绿藻摆脱了水域环境的束缚，首次登陆大地，进化为蕨类植物。三亿六千万年前（石炭纪），蕨类植物绝种，代之而起的是石松类、楔叶类、真蕨类和种子蕨类，形成沼泽森林。古生代盛产的主要植物于二亿四千八百万年前（三叠纪）几乎全部灭绝，而裸子植物开始兴起，进化出花粉管，并完全摆脱对水的依赖，形成茂密的森林。在距今一亿四千万年前白垩纪开始的时候，更新、更进步的被子植物就已经从某种裸子植物当中分化出来。进入新生代以后，由于地球环境由中生代的全球均一性热带、亚热带气候逐渐变成在中、高纬度地区四季分明的多样化气候，蕨类植物因适应性的欠缺进一步衰落，裸子植物也因适应性的局限而开始走上了下坡路。这时，被子植物在遗传、发育的许多过程中以及茎叶等结构上的进步性，尤其是它们在花这个繁殖器官上所表现出的巨大进步性发挥了作用，使它们能够通过本身的遗传变异去适应那些变得严酷的环境条件，反而发展得更快，分化出更多类型，到现代已经有了九十多个目、二百多个科。正是被子植物的花开花落，才把四季分明的新生代地球装点得分外美丽。

植物标本制作——液浸法

用液浸法保存植物标本，关键在于保色、防腐。

普通标本液浸法

用福尔马林 50 毫升、酒精 300 毫升，加蒸馏水 2 000 毫升配制而成。这种浸液可使植物标本不腐烂、不变形，但不能保色。

绿色标本液浸法

把醋酸铜粉末徐徐加入 50% 冰醋酸溶液中直至饱和，作为原液。原液加水 3 ~4 倍后，放在容器内加热至 85℃，然后将标本放入，由于醋酸把植物叶绿素分子里的镁分离出来，使标本开始褪色。

但是，随着醋酸铜中的铜原子代替了镁，植物体又重新显现出绿色。此时应及时取出，用冷水冲洗干净，放进 5% 福尔马林液中，用溶腊封闭标本瓶口，即可长期保存。

如果植物比较细嫩而不便加热，或表面被有蜡质而不易浸渍，则可用饱和的硫酸铜溶液 750 毫升，加 40% 福尔马林液 500 毫升，再加蒸馏水 250 毫升混合，将标本放入其中，约 10 天后取出，用清水冲洗，再浸入 5% 福尔马林液中保存。此外，还可以将标本放入 5% 福尔马林和 5% 硫酸铜的混合液中，置 1 ~5 天，使硫酸铜浸入植物体内而着色，取出后再放入 5% 福尔马林液中保存。

黑紫色标本液浸法

福尔马林 500 毫升，饱和氯化钠溶液 1 000 毫升，再加蒸馏水 8 700 毫升，待静止后将沉淀滤出，即可做浸液保存黑色、紫色及紫红色植物标本，保存效果较好。

另一种是用福尔马林 10 毫升，饱和盐水 20 毫升和蒸馏水 175 毫升混合而成的浸液，经试用对紫色葡萄标本有良好的保色效果。

白色或黄色标本液浸法

用饱和的亚硫酸500 毫升、酒精（95%）500 毫升和蒸馏水 4 000 毫升配成溶液，有一定的漂白作用，液浸后标本较原色稍浅一些，但增加了标本的美感，用以浸制梨的果实标本效果较好。

福尔马林

福尔马林是甲醛的水溶液，外观无色透明，具有腐蚀性，且因内含的甲醛挥发性很强，开瓶后一下子就会散发出强烈的刺鼻味道。福尔马林的使用涵盖之层面其实相当广泛，其中因甲醛能与蛋白质的氨基结合，使蛋白质凝固，因此在医药上可作为检验时的组织固定剂以及防腐剂等。在浓度与剂量足够时，此特性对大部分微生物都具破坏能力，所以也常作为一种消毒剂。

标本瓶（缸）的使用方法

标本瓶、标本缸均属于收集、保存动植物标本之用。

因为标本瓶（缸）为适应标本形状的多样化而设计多种规格，因此对标本瓶（缸）的使用必须选好相适应的规格。使用时将标本瓶（缸）洗净，把标本放入瓶内，为了使标本保持原形状，在标本制作初始时就要固定好，或将标本事先固定在一玻璃片上（如系小型标本或因标本本身颜色淡看不清时可用勃附剂将标本附在有色玻璃片上，但在放入瓶内前一定要等待勃附剂干后方可放入），悬挂在标本瓶的钩上。把配好的防腐剂溶液注入瓶内，直至全部浸没标本或超出标本为好，然后将盖盖紧，在瓶盖的边缘用石蜡或石膏、火漆等材料封闭保存即可。如要采用标本缸，要在封口前用蜡线把缸和盖捆扎固定再封闭。

植物标本制作——干制法

浸制的瓶装植物标本在使用、移动、保存以及对外交流方面有很多不方便，所以人们更乐于采用干制法来制作植物标本。干制植物标本的方法有很多，这里仅选取较有代表性的几种方法，向大家作一简单介绍。

透明胶带粘贴法

总的来说，用透明胶带粘贴法来制作植物标本有很多好处，它利于传阅，保存。用透明胶带粘贴法制作植物标本可以分为三个步骤。

首先是选择植物。宜选取含水分较少的枝、叶、花等。含水分多的植物如仙人掌类的茎、花等不易脱水，容易霉烂，不宜选制。

其次就是加工整形。小型的开花植物，可略加整理，拭去浮尘，摘掉重叠的不必要的旁枝侧叶，即可准备粘贴。

枝干较粗时，可用解剖刀将枝干纵向剖去一部分；剖面要削平，以便上纸粘贴。

花朵较大时，可将花的下半部分用解剖刀去薄切平，只留完整的正面，以便粘贴胶带。也有将花朵全部剖开，只粘贴花瓣、花蕊等部分结构的。

最后是衬纸粘贴。为衬托花、叶颜色，先根据花、叶的原色准备好相应颜色的电光纸，例如红花就以红色电光纸做衬纸，绿叶就以绿色电光纸做衬纸，把花、叶等分别放在不同颜色的电光纸上，用适当宽度的透明胶带自上而下地压住。

用圆头镊子尖沿着花、叶边缘把透明胶带各压一周，使胶带边缘紧紧压在电光纸上。

再用弯头小剪刀把已压好的花、叶紧靠边缘剪下。

剪下的花、叶标本，可在衬纸背面涂上胶水，根据标本的大小另粘在不同尺寸的台纸上，然后加贴标本签，放入书页或植物标本夹内，几天后即可取出存用。

请注意，目前市售的透明胶带宽窄不一，有的仅1厘米左右，也有5～8厘米的，可多备几种，根据需要选用。透明胶带要注意妥善保存，最好放在洁净的塑料袋内，防潮、防热、防尘，保持胶带的洁净透明。

植物叶片拓印法

植物叶片是植物鉴定分类的重要依据，采集各种叶片，用颜料着色，将它们拓印下来，制成比较系统的拓印叶片，虽然不属于植物标本，但对帮助学生辨认叶片，巩固基础知识，以及通过课外辅导培养动手操作能力等方面，都有一定的作用。

用彩色颜料拓印叶片，操作简便，叶片轮廓和叶脉基本清晰，易于保存。它的具体操作步骤如下：

采叶：有目的地采集叶片。如准备拓印一套以整个叶片外形为主的分类叶片，可分别采集卵形、圆形、椭圆形、扇形等叶片。

每种叶片选取3～5片，压在书页内作为拓印的模板。选取的叶片以典型、完整、叶脉纹理较深刻为最好。

拓印：先把叶片轻拭干净；把颜料（广告画颜料或一般水彩颜料）放入调色盘（皿）内，加适量清水稀释调匀，不可过稀或过稠；用毛笔蘸上已调好的颜料，在叶片正面轻轻涂刷均匀，不要涂刷太厚。

有的叶片一时不易吸附颜料，可以连续涂刷多次；叶片着色均匀后，立即用白纸（应选用吸附性能好的一般白纸；较厚或较光滑的纸拓印性能差，不宜选用）盖在上面，并在纸上往复轻按盖在纸下的叶片，整个叶片按摩均匀，然后把纸翻过来，用镊子轻轻取下叶片，此时纸上显出清晰的叶痕，拓印即告完成。也可把叶片盖在纸上拓印，效果相同。

稀释、涂刷颜料和拓印操作反复进行多次，摸索出经验，就能较熟练地印出清晰美观，既有科学性又有艺术性的拓印叶片来。

拓印成套的植物叶片，可将各种叶片安排在同一张纸上，分次拓印；也可以将各种叶片单独拓印，印好后剪下，再分别粘贴在标本台纸上。如果在拓片表面再粘贴一层透明胶带，则更加美观，易于保存。

在已拓印好的叶片下方要注明属于何种叶形（叶脉）和采自何种植物。拓印完毕，可用清水把叶片刷洗干净，擦干，压在书页内，作为原版保存。

电光纸

电光纸就是有一面非常光而且发亮的彩色纸。可以用来制作教学教具用和各种各样漂亮的玩具。

花朵典型结构

花可视为节间缩短并具繁殖能力的茎的变态，而其节结构也可看作是叶的高度变态。从本质上说，花的结构是由顶端分生组织的花芽和“体轴”分化形成的。花可以以多种方式着生于植物上。如果花没有任何枝干，而是单生于叶腋，即称为无柄花，而其他花上与茎连接并起支持作用的小枝则称为花柄。若花柄具分支且各分支均有花着生，则各分支称为小梗。花柄的顶端膨大部分称为花托，花的各部分轮生于花托之上，四个主要部分从外到内依次是花萼：位于最外层的一轮萼片，通常为绿色，但也有些植物呈花瓣状。

花冠：位于花萼的内轮，由花瓣组成，较为薄软，常有颜色以吸引昆虫帮助授粉。

雄蕊群：一朵花内雄蕊的总称，花药着生于花丝顶部，是形成花粉的地方，花粉中含有雄配子。

雌蕊群：一朵花内雌蕊的总称，可由一个或多个雌蕊组成。组成雌蕊的繁殖器官称为心皮，包含有子房，而子房室内有胚珠（内含雌配子）。

一个雌蕊可能由多个心皮组成，在这种情况下，若每个心皮分离形成离生的单雌蕊，即称为离心皮雌蕊，反之若心皮合生，则称为复雌蕊。雌蕊的黏性顶端称为柱头，是花粉的受体。花柱连接柱头和子房，是花粉粒萌发后花粉管进入子房的通道。

叶脉标本制作法

对植物的叶片加工处理，脱去叶肉制成叶脉标本，是中小学生乐于参加的一项课外科技活动。制成的叶脉标本，在叶柄上系一条彩色小丝带作为书签也很实用。叶脉标本的制作方法很多，这里我们简单地介绍一些。

煮制法制作叶脉标本

煮制法是人们制作叶脉标本较为常用的方法之一。用煮制法制作叶脉标本较为简单，只需要三个步骤。其制作方法如下：

选采叶片：宜选用叶形美观、质地较坚韧、叶脉网络较密而深刻的叶片，如杨树叶、桂树叶、榆树叶等。薄嫩的或行将干枯的叶片不适宜。最好在深秋季节，叶片初黄较老时采叶，采集的叶片要求完整，无机械损伤，未受病虫侵害。比如，生有褐锈病斑的叶片，煮后脱去叶肉，由于残留的病斑不易脱净，常给操作带来麻烦，这样的叶片就不能采用。

除去叶肉：往烧杯里放 5 克碳酸钠和 8 克氢氧化钠，加水 1 000 毫升配制成溶液，用玻璃棒调匀，加热使之沸腾，然后把用清水洗净的叶片投入烧杯。为了把叶片煮匀并防止把叶柄煮坏，可以把叶柄用铁夹子夹住，每个铁夹子上平行地夹着五六片叶子，用铁丝吊着放进烧杯，叶片浸入溶液，叶柄则悬起在溶液之上，这样既免去了叶片的互相粘连而浸煮不匀，又可以使叶柄免遭不必要的浸煮。

浸煮叶片的火候要掌握好，浸煮时间要适当。根据火力的大小和叶片的质地，一般在煮过十余分钟后，要从烧杯中取出一片放在清水盘里，用棕毛刷轻轻拍打几下，看看叶肉的剥脱情况，如果叶肉已经达到易于脱下的程度，就应该马上停火。

经验表明，浸煮到叶片表面出现大小不一的凸泡时，就是叶肉容易剥脱的时刻。把煮好的叶片放入清水盘，漂净药液和脱下的叶肉残渣。这时叶肉大部分还没有脱离叶片，需要另换一个清水盘，盘内斜放一块玻璃板（或小木板），一半浸入水中，一半露出水面。接着把单张的叶片平展在露出水面的玻璃板（或小木板）上，用棕毛刷沾水轻轻拍打叶片，把拍打下来的叶肉冲入水盘内。

拍打叶片要反正两面拍打，最好先拍打反面，然后翻过来拍打正面。拍打时不可用力过猛，尤其是靠近叶柄的部位，更得轻轻拍打，以免打破叶脉，打断叶柄。

着色处理：为使叶脉着色鲜艳均匀，染色前要先行漂白，放在 10% ~ 15% 的双氧水中浸泡 2 小时左右，叶脉即褪色变浅，接着把漂白后的叶片放到清水中冲洗，取出后放在吸水纸上吸去残余的水分，尔后平放在玻璃板上，调好染料进行着色。

染料可选用染布颜料或染胶片用的透明颜料，也可用彩色水笔所用的颜料，颜色可任意选择。如用水彩笔颜料，可直接均匀滴在叶脉上，不用笔刷或浸染，叶脉即可良好着色。

把已着色的叶脉放在吸水纸上，或夹在废旧书页内阴干压平，即成为一种颇有特色的叶脉标本。如在叶柄上系一条彩色小丝带，它又成了一个别致的“叶脉书签”。

水沤法制作叶脉标本

将叶片浸入缸（罐）内水中，水要浸过叶面，置于温暖处浸沤。由于水中杂菌不断污染叶片，叶肉逐渐变腐，视叶肉腐变程度，当它已易于脱落时，即可按上述煮制法中用棕毛刷拍打叶片的方法脱去叶肉。接着漂白、着色，操作方法和步骤均与煮制法相同。

锈　病

由真菌中的锈菌寄生引起的一类植物病害。危害植物的叶、茎和果实。锈菌一般只引起局部侵染，受害部位可因孢子积集而产生不同颜色的小疱点或疱状、杯状、毛状物，有的还可在枝干上引起肿瘤、粗皮、丛枝、曲枝等症状，或造成落叶、焦梢、生长不良等。严重时孢子堆密集成片，植株因体内水分大量蒸发而迅速枯死。

叶子的结构

叶片的表皮由一层排列紧密、无色透明的细胞组成。表皮细胞外壁有角质层或蜡层，起保护作用。表皮上有许多成对的半月形保卫细胞。位于上下表皮之间的绿色薄壁组织总称为叶肉，是叶进行光合作用的主要场所，其细胞内含有大量的叶绿体。大多数植物的叶片在枝上取横向的位置着生，叶片有上、下面之分。上面（近轴面、腹面）为受光的一面，呈深绿色。下面（远轴面、背面）为背光的一面，为淡绿色。因叶两面受光情况不同，两面内部的叶肉组织常有组织的分化，这种叶称为异面叶。许多单子叶植物和部分双子叶植物的叶，取近乎直立的位置着生，叶两面受光均匀，因而内部的叶肉组织比较均一，无明显的组织分化，这样的叶称等面叶，如玉米、小麦、胡杨。在异面叶中，近上表皮的叶肉组织细胞呈长柱形，排列紧密整齐，其长轴常与叶表面垂直，呈栅栏状，故称栅栏组织，栅栏组织细胞的层数，因植物种类而异，通常为1～3层。靠近下表皮的叶肉细胞含叶绿体较少，形状不规则，排列疏松，细胞间隙大而多，呈海绵状，故称海绵组织。

昆虫标本的采集

昆虫种类繁多，习性各异，应根据不同虫种的生活习性和栖息、活动场所，分别采用不同方法进行捕捉。现将几种主要采集方法简介如下。

捕虫网捕虫法

捕虫网是捕捉在空中飞的昆虫的工具，其操作步骤有下列几点：

第一，观察虫情：采集昆虫标本有定点采集和随机采集。

定点采集是预先选好某种昆虫经常栖息、活动的场所进行一定范围的搜索捕捉。如菜粉蝶多在甘蓝等十字花科蔬菜田间上空飞动，花椒凤蝶多在花椒树附近上空盘旋飞动，这些地方虫量较多，可选择性强，适于定点单项采集。

随机采集属于一般考察采集，在一定范围内广泛收集各类昆虫，或者遇到就采，或是有计划、有目的地择采。

不论是定点采集还是随机采集，初到采集现场，不能操之过急，先要冷静地观察虫情。尤其是在虫量不多的情况下，更应仔细观察动静，摸清其飞动规律，包括飞动的高度、速度、方向等，结合当时的风向、风速等气象因素，再立意做好准备，开始挥网捕捉。

第二，顺势兜捕：摸清虫情后，待其再次飞临，可用目测方法判断出其飞动方向、高度和速度，结合风向、风速等条件，手握网柄、瞄准方位，等进入有效距离后顺势举网一挥即可捕之入网。

捕虫网的使用方法——顺势兜捕

所谓顺势兜捕，就是在静观不动的情况下，根据昆虫飞临方向，或迎面或从侧面选择最佳捕位，出其不意，一举入网，如一网失误，不必尾追，而是以逸待劳，一网不入，再等二网。

第三，翻封网口：一旦虫入网内，要随即翻转网袋，把网底甩向网口，封住网口入网的昆虫才不致它逃逸。挥网捕虫和翻封网口是连续、快速的两个动作，也是用网捕虫的一项基本功。

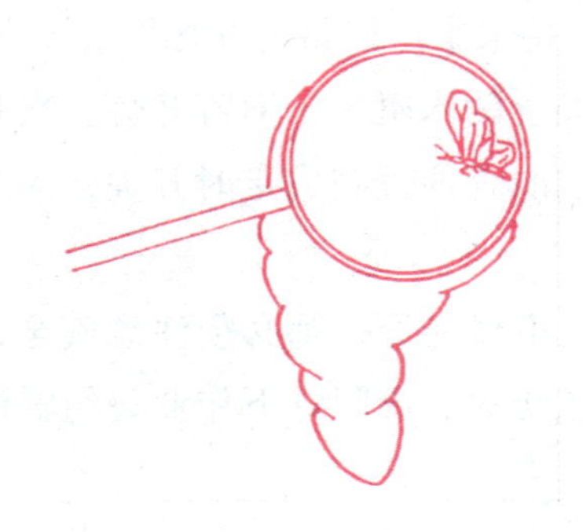

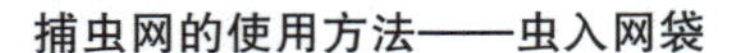

捕虫网的使用方法——虫入网袋

捕虫网的使用方法——翻封网口

第四，取虫入袋：入网的昆虫需立即取出。取虫时先慢慢收缩网袋，减小它在网内挣扎活动的范围，然后待其稍停，趁势隔着网袋用手轻捏虫胸，使它停止活动，再用小镊子伸进网里，夹其翅基取出，放入毒瓶致死后转放到三角纸袋内。

灯光诱捕法

多种昆虫具有趋光性，主要是因为它们复眼的视网上有一种色素，这种色素只吸收某一种特殊波长的光，刺激视神经，通过神经系统影响运动器官，从而使它们趋向光源。利用昆虫的趋光性，在夜晚设置光源诱捕，也是采集昆虫标本的一种方法。

我国劳动人民早在数千年前就有利用灯火诱杀害虫的实践。过去使用的光源，主要是各种油灯、汽灯、电灯等，都有一定的诱虫效应。现在认为比较理想的光源是黑光灯。黑光灯对一些慕光的昆虫有强烈的引诱力，而且耗电量较普通电灯节省，所以是一种经济有效的诱捕工具。

架设黑光灯，可用木杆或铁制三角架。在一般比较开阔的田野上，灯管下端，以距地面 1.7 米左右为宜；如在特殊作业区，如高秆作物（玉米、甘蔗等）区，需高出植株 0.35～0.7 米左右，以免灯光被遮掩。

黑光灯的灯管目前市售的有 20 瓦、40 瓦的，可根据实用范围选定。灯

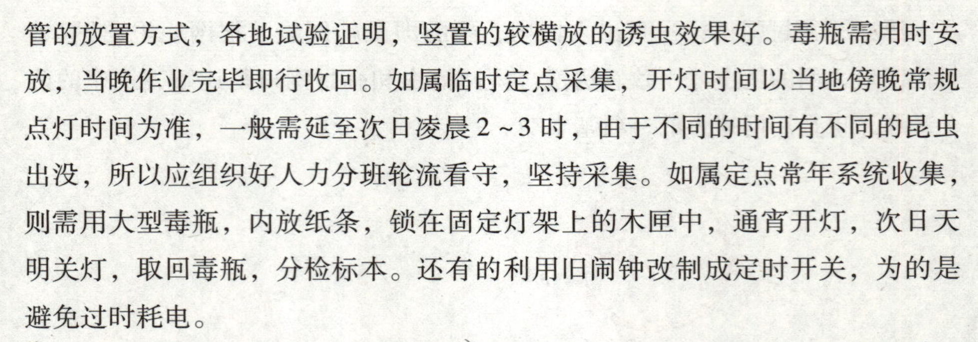

管的放置方式，各地试验证明，竖置的较横放的诱虫效果好。毒瓶需用时安放，当晚作业完毕即行收回。如属临时定点采集，开灯时间以当地傍晚常规点灯时间为准，一般需延至次日凌晨2～3时，由于不同的时间有不同的昆虫出没，所以应组织好人力分班轮流看守，坚持采集。如属定点常年系统收集，则需用大型毒瓶，内放纸条，锁在固定灯架上的木匣中，通宵开灯，次日天明关灯，取回毒瓶，分检标本。还有的利用旧闹钟改制成定时开关，为的是避免过时耗电。

灯光诱捕的方法很多，不论使用油还是电做能源，都必须注意安全，尤其是在山林附近，更得遵守林区守则，注意防火，夜间灯下作业每组需配备2～8名作业人员。

振落捕虫法

有些昆虫具有“假死”的本能，这是一种简单的非条件反射，当虫体受到机械性（物体接触）或物理性（光的闪动）等刺激后，引起足、翅、触角甚至整个虫体突然收缩，由原栖息地落下，状似死亡，稍待片刻又恢复了自然活动，这就是“假死”。如金龟子、小麦叶蜂的幼虫、棉象鼻虫等，受到突然振动后会立即从寄主植物上自行落下，假死不动，可趁机采集。

有些昆虫虽不具有假死性，但在其正常栖息取食时猛然摇动寄主植物，也会自然落下，如槐尺蠖等一些有吐丝下坠习性的鳞翅目幼虫和甲虫，就可用振落法收集。

在振动寄主植物前，需在地面铺一块适当大小的塑料薄膜或采集伞，落在塑料薄膜上或采集伞内的昆虫，应及时收集处理。

采集伞柄可以伸直或拉平，伞兜面料和一般晴雨伞相同，颜色宜用淡色，便于识虫收集。作业时撑开伞面倒放在地上，伞柄平放便于移动，用毕折叠。

有些昆虫虽不易振落，但由于受惊而爬动或解除了拟态，暴露了真相，也利于捕捉。

搜索采集法

有些虫体较小或栖息地点较为隐蔽的昆虫，需根据它们存在的某些迹象进行仔细观察搜索才能找到，如食痕、蛀洞、虫粪、鸣声等都是可供追查的线索。此外，石块下面常有肉食性甲虫；土壤里可找到金龟子的幼虫和蛹，以及金针虫、地老虎的幼虫；雨后积水的树洞里常有蚊子的幼虫；天牛、吉丁虫、玉米螟等的幼虫往往在其寄主植物上留有蛀孔及粪迹。搜索采集要注意安全，谨防藏匿在树洞里、石块下、草丛中的蛇、蝎之类动物的伤害。

趋性诱引法

除了趋光性以外，有些昆虫还有趋食性、趋化性、趋异性。利用昆虫的这些趋性，投其所好，便可更为广泛地采集到多种昆虫的标本。例如把各种食物、腐物、果皮等开沟撒入土内，或者放在广口瓶里，瓶口置一漏斗，可以诱到一些趋食性昆虫；有些夜蛾，如黏虫、地老虎等，有嗜甜酸发酵的浆液来补充营养的习性，可于夜晚放置糖醋酒混合溶液的容器来诱引捕捉。还有利用从雌性昆虫性腺中提取到的信息素来诱引同种雄虫的；更简单的方法是把雌虫放于笼内，直接诱引同种雄虫。

微小型昆虫刷取法

有些在寄主植物上不太活动的微小型昆虫，如蚜虫、红蜘蛛等，用昆虫网很难扫入，用振落法又不易奏效，这时可用普通软毛笔直接刷入瓶、管内。刷取时要选择虫体比较密集的小群落，一笔即可刷取许多。要注意用笔尖轻轻掸刷，不可大笔刮刷而伤及虫体。

知识点

黑光灯

黑光灯是一种特制的气体放电灯，它发出330~400nm的紫外光波，这是人类不敏感的光，所以把这种人类不敏感的紫外光制作的灯叫作黑光灯。

黑光灯之所以夜间能用来诱杀昆虫，是因为趋光性昆虫的视网膜上有一种色素，它能够吸收某一特殊波长的光，并引起光反应，刺激视觉神经，通过神经系统指挥运动器官，从而引起昆虫翅和足的运动，趋向光源。大多数趋光性昆虫喜好330~400nm的紫外光波和紫光波，特别是鳞翅目和鞘翅目昆虫对这一波段的光更敏感。因此，专门设计出能够放射光波360nm的黑光灯，以便能对大多数害虫进行测报和诱杀。

延伸阅读

昆虫的种类

最近的研究表明，全世界的昆虫可能有1 000万种，约占地球所有生物物种的一半。但目前有名有姓的昆虫种类仅100万种，占动物界已知种类的2/3~3/4。由此可见，世界上的昆虫还有90%的种类我们不认识；按最保守的估计，世界上至少有300万种昆虫，那也还有200万种昆虫有待我们去发现、描述和命名。

在已定名的昆虫中，鞘翅目（甲虫）就有35万种之多，其中象甲科最大，包括6万多种，是哺乳动物的10倍。鳞翅目（蝶与蛾）次之，有约20万种。膜翅目（蜂、蚁）和双翅目（蚊、蝇）都在15万种左右。

昆虫不仅种类多，而且同一种昆虫的个体数量也很多，有的个体数量大得惊人。一个蚂蚁群可多达50万个体。一棵树可拥有10万的蚜虫个体。在森林里，每平方米可有10万头弹尾目昆虫。蝗虫大发生时，个体数可达7~12亿之多，总重量约1 250~3 000吨，群飞覆盖面积可达500~1 200公顷，可以说是遮天蔽日。

我国幅员辽阔，自然条件复杂，是世界上唯一跨越两大动物地理区域的国家，因而是世界上昆虫种类最多的国家之一。一般来说，我国的昆虫种类占世界种类的1/10。世界已定名的昆虫种类为100万种，我国定名的昆虫应该在10万种左右，可目前我国已发现定名的昆虫只有5万多种，要赶上世界目前的水平还任重道远。况且，世界的昆虫种类应该在300~1 000万种，所以我国应有昆虫30~100万种。

昆虫标本的制作

制作昆虫标本比制作大中型脊椎动物标本容易，但要制成真正合格的成品也不简单。制作昆虫标本和制作其他标本一样，要本着“精心设计，精心施工”的原则，把平凡的系列操作认真贯彻到每个步骤中，才能制成以科学性为主，以艺术性为辅的栩栩如生的合格标本。

昆虫在生长发育过程中要经过一系列外部形态和内部结构的变化，由卵开始到孵化出幼虫，再经化蛹而羽化出成虫，这种变态类型称为“完全变态”。有的昆虫从卵里孵化出的幼虫与成虫的形态结构基本相似，不再化蛹而直接成长发育为成虫，这种变态类型称为“不完全变态”。另外还有其他变态方式的昆虫。

由于昆虫的种类不同，变态类型又不一样，这就给采集和制作比较完整配套的昆虫标本带来了困难。在制作昆虫标本时，必须针对虫种、虫态、虫体结构以及制作目的等，分别采用不同的制作方法制成标本。

制作昆虫标本的方法一般可分为液浸和干制两大类，不论采用何种方法，制出的标本都以保持虫体完整、姿态自然、特征暴露充分为首要原则。绝大多数的昆虫都可用干制法制成标本长期保存。

成虫标本插针法

干制的成虫标本除垫棉装盒的生活史标本外，一般都用插针保存。昆虫针主要是对虫体和标签起支持固定的作用。目前市售的昆虫针都用优质不锈钢丝制成，针的顶端镶以铜丝制成的小针帽，便于手捏移动标本。按针的长短粗细，昆虫针有好几种型号，可根据虫体大小分别选用。

目前通用的昆虫针有七种，即 00、0、1、2、3、4、5 号。0 号针最细，直径 0.3mm，每增加一号其直径增加 0.1mm，0 ~5 号针的长度为 39mm。另外还有一种没有针帽的很细的短针，也叫“微针”、“二重针”，是用来制作微小型昆虫标本，插在小软木块或卡纸片上的；00 号针自针尖向上三分之一处剪下即可以做二重针使用。

昆虫种类不一，插针的位置也有所不同，为的是避免针孔位置不当而损伤了虫体中间部分的特征，甚至影响分类鉴定。

插针时，务必使昆虫针与虫体成90°角，避免插斜而造成标本前后、左右倾斜。已插好针的标本，要进一步调理虫体在针上的适当位置，并使附插标签各就各位，做到层次分明、规格一致、便于移动、利于观察。插针时如虫位过高，即针帽至虫体距离过短，手指移动标本时就容易触伤虫体；虫位过低又影响下面所附插的标签。

蝶蛾类展翅板展翅法

蝶蛾类昆虫标本，一般需要展翅保存，可以在展翅板上展制。展翅板选用质量轻软的木材，如杉木、泡桐等木料制作，主要是质柔便于插针。板面保持一定斜度，主要是为了展翅时使虫翅略为上翘，待干后虫翅回缩正好展平。右侧板面前后两端与底托凹槽的接触部分，各镶一条与凹槽相吻合的横木条，便于在槽内左右推动以调整沟槽的宽度。在底托右侧凹槽上穿孔安一螺丝旋钮，为的是固定沟槽的宽度。沟槽底部贴一条软木板，用以插针。

也可把展翅板做成固定式的，需多做几种沟槽宽窄不一的样式，以便根据虫体大小来分别选用。

展翅的操作步骤如下：

调整工具：使用活板式昆虫展翅板，需先根据虫体（头、胸、腹）的粗细移动右侧板面，使虫体正好纳入槽内，以左右两侧不触及板体为准，不过宽或过窄，然后拧紧旋钮。

接着把插好针的虫体放进沟槽，针尖插在底部软木板上，并用小镊子上下调理虫体，使虫体背面与沟槽口面相齐。为使虫体稳定，可在其腹部两侧加插大头针固定，以防在展翅时左右摆动，干扰操作。

制备纸条：展翅时主要是用大头针和纸条来固定虫翅，纸条的长度和宽度根据翅面大小来定。所用的纸应选择韧性较强、不易拉断的白纸，并按纸的纤维条理顺向剪开，这样的纸条就不致在固定虫翅时一拉就断。

不宜选用透明玻璃纸或其他透气性较差的纸，以免影响虫翅干燥而使翅面发皱。纸条制备不当，会影响展翅操作，既耗时间，还损害标本质量。

挑翅固定：虫体在沟槽内被固定后，先展左侧前后翅，再展右侧前后翅，这样便于照顾两对翅的左右平衡。同侧的前后翅中，先展前翅，再展后翅。用纸条在前翅基部附近把虫翅压在板面上，纸条上端用大头针固定在翅前方稍远一点的位置上，左手拉住纸条向下轻压，右手用解剖针或昆虫针向上轻挑前缘，挑翅时要选择翅前缘较硬些的翅脉。

此时边挑前翅，边看前翅内缘，挑到前翅内缘与虫体体轴垂直，再稍向上挑一点，以待虫翅干燥后向下回缩，正好与体轴相垂直。

初展翅时四翅位置

然后把左侧触角沿前翅前缘平行压在纸条下面，接着挑展后翅。在不掩盖后翅前缘附近的主要斑纹特征的情况下，把后翅前缘挑在前翅内缘的下面，并拉直纸条，平盖在前后翅的翅面上，下端用大头针固定。用同样的方法，把右侧前后翅分别展开，同时也展开右侧触角，固定纸条，则左右两对虫翅便初步展成。为了加固翅位，保持翅面平整，在左右两对翅的外缘附近，再各加压一纸条。

干燥后四翅位置

不论是加固还是调姿用的大头针，都要向外斜插，既可加固针位，又不妨碍操作观察。

调理虫姿：展翅后的标本，如果腹部向下低垂，可在下面垫些脱脂棉或软纸团向上托起；如果腹部向上翘起，则可用小纸条把腹部下压，以大头针固定。其他部位需要调姿时，也可照此办理。

干燥标本：展好翅、整好姿的标本，即可连同展翅板头朝上尾朝下地垂直挂在干燥的墙壁或木板上。要注意避免日晒，防止被其他昆虫咬损。一般有一周至十天左右即可干妥。

撤针取虫：标本干妥后，即可轻轻撤针，去掉纸条。应先撤两侧外边的纸条，再撤靠近翅基的纸条。不可胡乱撤针，以免损伤标本。撤针后用三级台调理虫位，加插标签。

入盒保存：制成的展翅标本，可以放入标本盒（柜）内长期保存。

蝶蛾类翅面鳞片粘制法

鳞翅目成虫（蝶蛾类）五彩缤纷，围绕花丛漫飞舞动，素有“会飞的花朵”之美誉。原来，这些虫翅上的彩色斑纹是由翅面上着生的鳞片反映出来的。这些鳞片扁平而细微密被于膜质的翅面上，系由毛变化而成。鳞翅目的得名也由此而来。

鳞片具有颜色。由于虫种不同或雌雄不同，在翅面上组合成的色彩斑纹也各有差异：有的淡雅别致，有的暗淡粗放，还有的色调明快，别具一格。这些不同色彩的斑纹，常是辨识虫种的重要依据。

蝴　蝶

积累和保存有关蝶蛾类虫翅分类标本，是青少年昆虫爱好者一项有益、有趣的科技活动。虫翅标本的制作，可以把蝶蛾类翅面上的鳞片取下来，专门制成虫翅鳞片的标本。现以黑缘粉蝶为例，将制作鳞片标本的具体操作方法简介如下：

第一步是选采成虫。采集的粉蝶，最好是刚羽化出来，飞动时间不长，翅面完整，鳞片没有擦伤，斑纹清晰，特征明显的。用这样的粉蝶制作鳞片标本，效果最为理想。

第二步是粘取鳞片。粘取鳞片可以按照以下几步来操作。

取下蝶翅：将选好的粉蝶放入毒瓶内致死，然后取出用小镊子把四片虫翅从翅基部轻轻分别摘下。

粘取鳞片：根据翅面大小，剪取一块医用橡皮膏，胶面向上，平铺在玻璃板上。再把四片虫翅一一放在胶面上。

放置虫翅时，应注意用小镊子轻轻夹住翅的基部，先在胶面上方选定适当位置，然后轻轻地置于胶面。要一次放准、放平，翅面不可出现皱褶，否则会损伤鳞翅的完整，不能制取出完美的鳞片标本来。

盖纸摩压；在已放好的翅面上盖一张较柔韧的白纸，用手（或指甲面）在白纸上沿着下面所覆盖的虫翅向下反复摩压，尽量摩压周到，使翅面上的鳞片全被粘附在胶面上。然后轻轻揭下白纸，用小镊子把已脱去鳞片的残翅小心剥去，即显露出清晰完整的粘制鳞片标本。最后，用小弯剪刀沿翅面的周边把四翅剪下。

装贴翅面：在剪好的四片翅面背后的胶布上，均匀地涂一薄层胶水，粘贴于卡纸上；再把触角蘸上胶水，各与前翅前缘平行地粘在前翅的前方。在卡片上注明所属目、科及虫名，压在玻璃板下或夹在书页内，干后即可长期保存。

这种粘贴的虫翅鳞片标本，如操作熟炼得法，则与原翅形态、颜色、光泽无大差异，如能配上与翅面颜色、斑纹相调合的彩色底纸，则能进一步增加美感。其他蝶蛾类的翅面鳞片，都可以试用此法制成单项的鳞片标本。有目的有计划地采集不同虫翅，加工制作成不同的鳞片标本，逐步积累，很有意义。

幼虫吹胀干制法

为了研究的需要，有时需将幼虫做成干制标本。具体制作方法如下：

将躯体完整的活幼虫平放在较厚的纸上或解剖盘中，腹面朝上，头向操作者，尾向前展直。用一玻璃棒（或圆木棍、圆铅笔杆）从头胸连接处向尾部轻轻滚压，使虫体内含物由肛门逐渐排出，以后逐次用力滚压数次，直到虫体的内含物全部压出，只剩一个空虫皮壳为止。注意操作时要轻、慢，不能急于求成，不然，用力不当可能胀破尾部，损坏标本。滚压时还要注意不要压坏虫体表皮或体表上的刺、毛。

取来医用注射器（带针管、针头，其大小可根据虫体大小而定），拉空针管将针头插入肛门，不宜过深，但过浅又易脱落，然后用一细线将肛门与尾部插针处扎紧，余线剪断。

插针吹胀

将已插入针头的虫体连同注射器一起移到烘干器上加温吹胀，烘干器实际上是一个放在酒精灯架上的煤油灯罩，把扎在注射器上的虫体轻轻送进灯

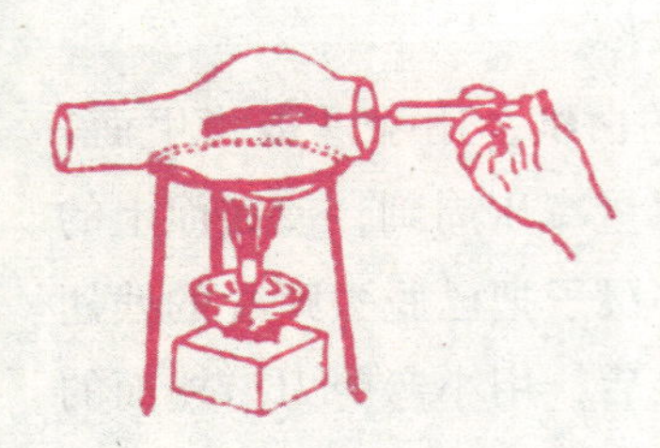

干燥虫体

罩，即可点灯加热。

一面加热干燥，一面徐徐推动针管注入空气，这时要注意边注气边看虫体伸胀情况，并反复转动虫体，使之烘匀，待恢复自然虫态时即停止注气。

虫体被烘干后，即可移出灯罩，在尾部结扎细线上滴一滴清水，用小镊子把扎线退下，用一粗细适当的高粱杆或火柴棍从肛门插入虫体，插入的深度以能支撑虫体为度。然后在杆（棍）的外端插上昆虫针，用三级台固定虫位，插上标签，这时一个干制幼虫的标本就已经制成了。

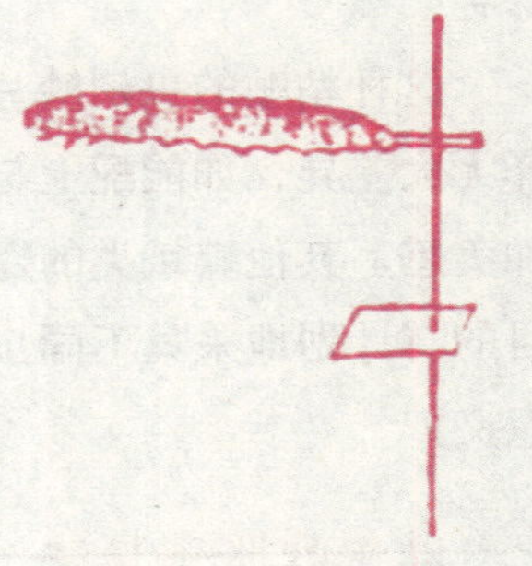

用小木棍固定虫体

另外，也可以用一昆虫针扎穿一小块软木，再在小软木块上缠一细铁丝向左侧伸直，在铁丝上抹上乳胶，把干制的虫体粘在铁丝上。

还可以在虫体腹面稍点一点乳胶，粘在用幻灯胶片剪成的小胶片上，然后在胶片的另一端插一标本针加以固定。

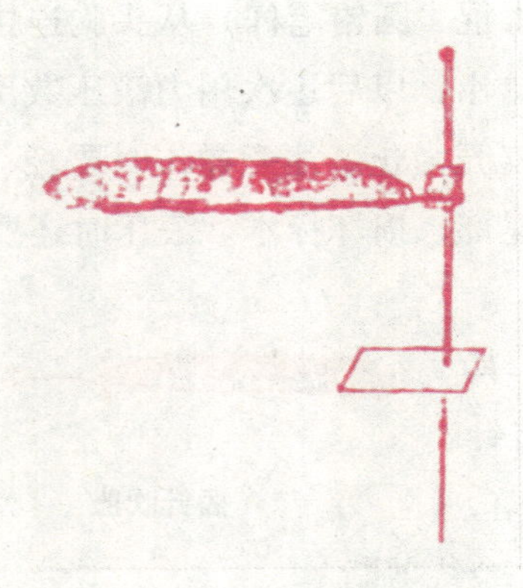

用铁丝固定虫体

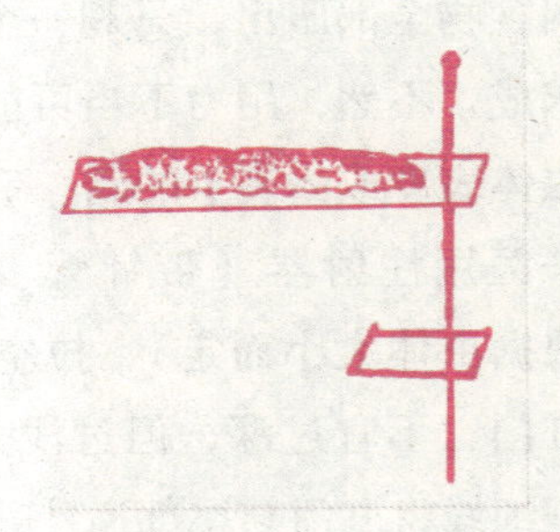

用胶片固定虫体

成虫剖腹干制法

有些腹部较粗的成虫，如蝗虫、螽蜥等，欲制成干制标本，需将其内脏及脂肪等清除干净，填充脱脂棉，才易于长期保存。操作方法如下：

第一步，将已致死的虫体，用小解剖剪从腹面中央第二节至第五（或七）节剪开一纵缝。

第二步，用镊子把胸腔、腹腔中的内脏和脂肪等内含物全部清除，再用脱脂棉把胸腔、腹腔的内壁擦拭干净。

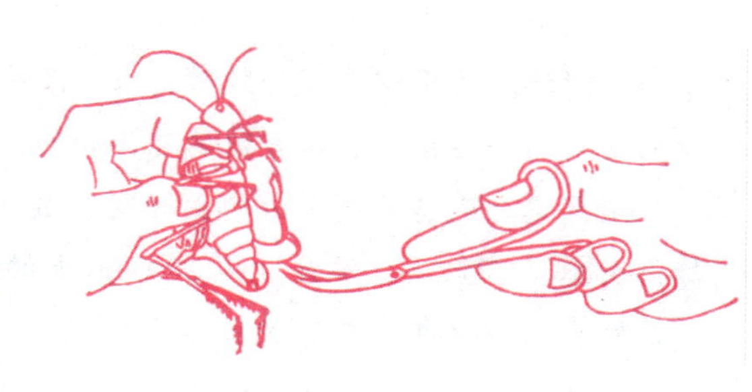

腹面切开示意图

第三步，将脱脂棉撕成若干小块，用小镊子夹起小块脱脂棉沾上些樟脑粉，一块一块地向胸腔、腹腔内填入，直到填满体腔，恢复原来虫态为止。

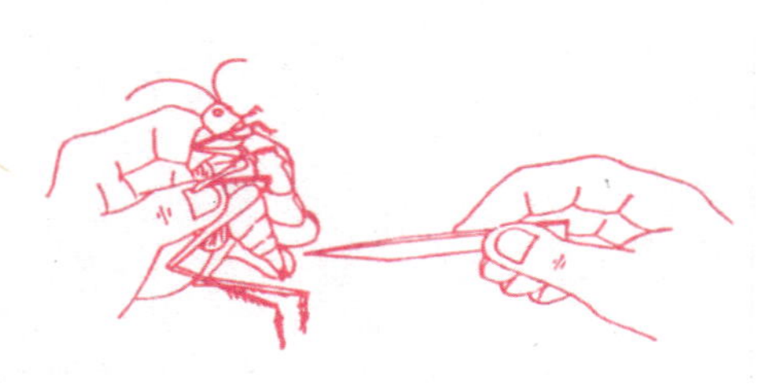

用镊子清除内含物

第四步，把开缝处的棉纤维用镊子掖平掖好，再把开缝两侧的虫体表皮拉回原位展平。以后随着干燥，表皮逐渐回抱，无须线缝，开缝就更加吻合了。

第五步，把虫体用昆虫针按规定针位插针固定在整姿板（厚纸板或聚丙乙烯板）上，整理虫姿。

第六步，用大头针先固定三对足，一般是前足向前伸，中后足向后伸，摆出前足冲、中足撑、后足蹬的姿势，显示出跃跃欲跳的神气。然后用大头针把触角向两侧展开，连同整姿板平放干燥。

第七步，标本干妥后，撤去大头针，用三级台固定虫位，加插标签，即可放入标本盒（柜）内保存。

知识点

蛹

在完全变态的昆虫（如苍蝇、桑蚕）中，从幼虫过渡到成虫时的虫体形态叫蛹。处于蛹发育阶段时，虫体不吃不动，但体内却在发生变化：原来幼虫的一些组织和器官被破坏，新的成虫的组织器官逐渐形成。

蛹是完全变态类昆虫由幼虫转变为成虫的过程中所必须经过的一个静止虫态。不全变态类昆虫从卵孵出来的个体——同型幼虫（若虫），已是发育的较晚期，它和成虫非常相似。而全变态昆虫的幼虫——异型幼虫，则是在发育较早期孵化的，它与成虫差别很大。

延伸阅读

蝶与蛾的异同

蝶类特征

1. 多数蝶类翅膀正面的鳞粉色泽亮丽，翅表面不被毛绒。少数蛱蝶科的蝶类后翅根部被有较明显的毛绒。

2. 多数蝶类有顶端膨大的棒状触角。

3. 蝶类休息的方式是四翅合拢竖立于背上。

4. 蝶类躯干上被毛稀疏（需与蛾类比较）。

5. 蝶类腹面可见的后翅根部呈弧形（贴接式），无翅缰。有助于飞行的速度提升，是因为蝶类在白天活动普遍飞行速度快于蛾类。

6. 蝶的蛹赤裸，无茧。

蛾类特征

1. 大多数蛾类在夜间活动，色彩较暗淡。

2. 多数蛾类触角顶端呈针尖样弯曲或整个触角呈羽毛状，少数蛾类（天

蛾科、斑蛾科）由于白天活动所以触角与蝶类相似。

3. 蛾类多数都是将四翅平铺休息。

4. 蛾类躯干部被毛一般都很浓密，就像天蛾科的蛾类飞行期间很容易与蜂鸟混为一谈。

5. 大多数蛾类的腹面后翅根部是平滑的，弧度很小，这跟蛾类在夜间飞行速度慢有关。

6. 蛾的蛹有茧。例如，蚕丝就是从家蚕的茧提取的。

蝶与蛾的相同点

1. 成虫体表及翅上被有鳞片，口器虹吸式。

2. 幼虫大都是植食性，颇多为农业害虫。

3. 完全变态。

天文观测活动必知

天文学，是观察和研究宇宙间天体的学科，它研究天体的分布、运动、位置、状态、结构、组成、性质及起源和演化，是自然科学中的一门基础学科。

1 000 多年前，人们还相信地球是宇宙的中心。400 多年前，人们又开始相信“日心说”。而现在，人们终于看清了地球、太阳系乃至银河系在宇宙中的真正位置。随着时间的推移。随着一个又一个科学仪器的发明创造，我们的眼光正在向宇宙深处推进，可以去认识 200 亿光年之外的太空……我们有理由相信。随着一代又一代人的继续努力，我们还会认识更多的宇宙天体，认识更多的宇宙规律。并让它们为我所用。

作为祖国的未来，青少年更应拥有探索自然的兴趣和欲望，更全面、更具体地了解宇宙知识。而天文学与其他自然科学的一个显著不同之处在于，天文学的实验方法是观测，通过观测来收集天体的各种信息。因而，对观测方法和观测手段的研究，是天文学家努力研究的一个方向，也是青少年天文活动的必修课。

太阳黑子的观测

通过天文望远镜观测太阳光球的时候，在光球上经常可以看到许多黑色的斑点，叫太阳黑子。

当太阳上出现大黑子群时，在太阳位于东西方地平线附近，有时用眼睛也能直接看到。太阳黑子在日面上的大小多少、位置和形态等，每日都不一样。

黑子是光球层活动的重要标志。我国古代有世界上最早的黑子记录。据不完全统计，我国古代有 100 多次太阳黑子记载。其中《汉书 五行志》载有：汉成帝河平元年，“三月己未，日出黄，有黑气，大如钱，居日中央。”这是指公元前 28 年 5 月 10 日见到的大黑子群。

我们祖先用不足 20 个字记载了黑子出现的年、月、日和时刻、天气状况、黑子的形态和在日面上的位置，真是非常珍贵的科学史料。

美国著名太阳物理学家海耳在著作中称赞中国古代关于太阳黑子的记载，他说：“中国古人测天之精勤，至可惊人，黑子之观测，远在西方人之前 2 000 年。历史记载不绝，且相传颇确，自可征信。独怪欧西学者，在此长期中，何以竟无一人注意及之。直至 17 世纪应用天文望远镜之后，方得发见，不亦奇哉。”

古代的太阳黑子记录对我们今日研究太阳活动规律和日地关系有重要的现实意义。

读者朋友们可能通过天文望远镜看到过太阳黑子，像圆饼上的芝麻粒。其实，它是由较暗的核和围绕它的较亮部分构成的，形状像一个浅碟。太阳黑子大小不一，有的甚至有几十个地球那么大。

光球的高温气体处于剧烈的运动之中，太阳黑子是光球上物质剧烈运动形成局部强磁场的区域。黑子表面的温度在 4 500℃左右。它是因为此处温度比光球层低，显得暗淡无光。但它们仍然辐射出较强的光和热。

大多数太阳黑子成群出现，成双出现的较多，靠日面西边的叫前导黑子，在东边的叫后随黑子。地球不停地从西往东自转着，太阳也在不停地从西往东自转着。我们观测太阳黑子时，就会发现，日面上的黑子每天都有规律地从东往西移动大约 13 度，它们好像列队齐步走一样。这就是太阳的自转形成的，日面上不同的纬度自转的快慢是不一样的。太阳赤道区域自转一周约 27 个地球日，两极区自转一周约 31 个地球日。

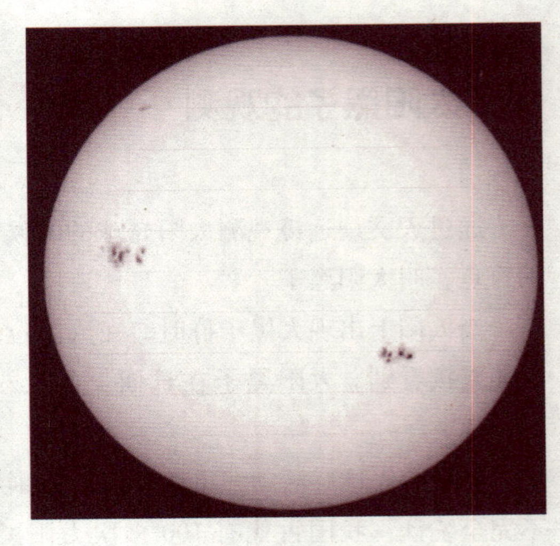
太阳黑子

太阳黑子有着自身的活动规律，活动周期是 11.2 年。黑子数达到极大值的那一年，是太阳活动峰年，反之是太阳活动谷年。太阳黑子活动会对地球上的气候和无线电通信产生重大影响。

1956 年 2 月 23 日，太阳黑子群爆炸释放出强大的电子流，干扰了无线电短波的正常传播，使许多地方的无线电短波通信突然中断约半小时。这一年，澳大利亚发生了罕见的大暴雨，悉尼城几千所住宅被淹；法国和德国的春天提前到来，冰河迅速融化，河水猛涨，许多地方洪水泛滥。

1989 年 3 月 5 日的太阳黑子群有 70 个地球那么大。太阳黑子群中爆发的一个大耀斑释放的带电粒子和辐射造成地面的多处无线电通信中断。

太阳黑子的投影观测

1. 实验仪器

天文望远镜附加太阳投影屏，黑子观测记录纸

2. 观测过程

（1）调节望远镜，使日面像进入视场，并按要求把记录纸固定在投影屏上，启动转仪钟。

（2）调节望远镜的焦距，使日像最清楚。

（3）调整投影屏的前后位置，使日像大小与观测记录纸上的圆重合。

（4）确定投影屏上图纸的东西方向：调节望远镜，使其沿着赤经方向来回微动（利用电钮控制或手动操作杆来实现），移动图纸，使黑子移动方向严格地沿图纸上的东西方向运动（即图纸上的东西线与黑子移动方向一致）。

（5）描绘黑子时要求大小、形状尽可能一致，位置要准确。下笔时先轻描，当位置准确后再重描。先描本影，后描半影，全部描完后，再检查一遍，看是否有遗漏的小黑子。

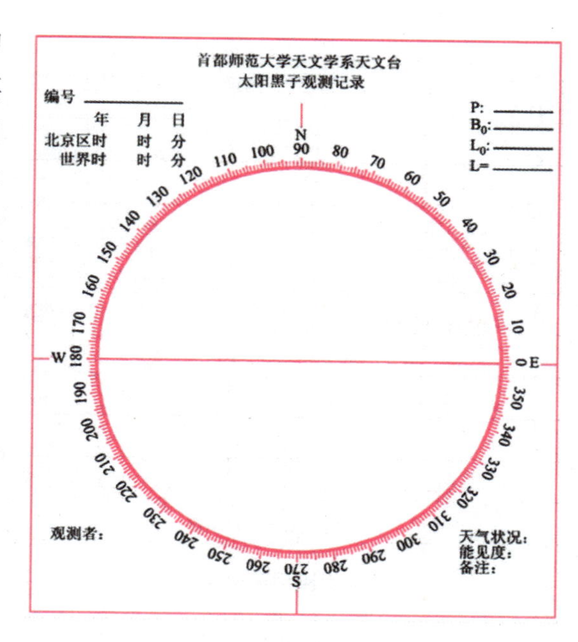

黑子观测记录纸

（6）最后记录观测完毕的时刻及观测当日世界时为 0^h 的 P（日轴方位角）、B_0（日面中心纬度）、L_0（日面中心经度）和天气状况等。

3. 黑子的分群、编号、分型

一般相距极近的几个黑子常属于同一群，但也有仅一个单独黑子而相当于一群的。分群后，按黑子出现的先后，自西向东给黑子群一个顺序编号。依据黑子的分型标准，给各群黑子标出所属类型。

黑子群有好几种分类方法，在此我们只介绍苏黎世天文台的分类法：按照黑子群演变的发展阶段分为 A、B、C、D、E、F、G、H、J 共 9 种类型。演变到最强是 E 型和 F 型，演变到最末是 J 型。

A 类：没有半影的黑子或者单极小黑子群。

B 类：没有半影的双极黑子群。

C 类：同 B 类相似，但其中一个主要黑子有半影。

D 类：双极群，两个主要黑子都有半影，其中一个黑子是简单结构；东西方向延伸不小于 10°。

太阳黑子分型图

E 类：大的双极群，结构复杂，两个主要黑子都有半影，在两个主要黑子之间有些小黑子；东西方向延伸不小于10°。

F 类：很大的双极群或者很复杂的黑子群；东西方向延伸不小于15°。

G 类：大的双极群，只有几个较大的黑子；东西延伸不小于10°。

H 类：有半影的单极黑子或者黑子群，有时也具有复杂的结构；直径大于2.5°。

J 类：有半影的单极黑子或者黑子群；直径小于2.5°。

由于太阳是个球体，黑子群在日面边缘时形状会发生很大的变化，东西长度会大大缩短。因此对于刚从东面转出来的黑子群，等过两三天看到全貌后再确定类型比较妥当。

确定类型还要注意连续性，如果前后好几天都是 E 类，另有中间一天是 C 类，那么这一天也应记 E 类。当然，黑子群的类型有小的反复也是可能的，如从 C 类变到 D 类再回到 C 类等。

无线电波

无线电波是指在自由空间（包括空气和真空）传播的射频频段的电磁波。无线电技术是通过无线电波传播声音或其他信号的技术。无线电技术的原理在于，导体中电流强弱的改变会产生无线电波。

无线电最早应用于航海中，使用摩尔斯电报在船与陆地间传递信息。现在，无线电有着多种应用形式，包括无线数据网，各种移动通信以及无线电广播等。

太阳黑子对地球的影响

太阳是地球上光和热的源泉，它的一举一动，都会对地球产生各种各样的影响。黑子既然是太阳上物质的一种激烈的活动现象，所以它对地球的影响很明显。

当太阳上有大群黑子出现的时候，会出现磁暴现象使指南针乱抖动，不能正确地指示方向；平时很善于识别方向的信鸽会迷路；无线电通信也会受到严重阻碍，甚至会突然中断一段时间，这些反常现象将会对飞机、轮船和人造卫星的安全航行、电视传真等方面造成很大的威胁。

黑子还会引起地球上气候的变化。100 多年以前，一位瑞士的天文学家就发现，黑子多的时候地球上气候干燥，农业丰收；黑子少的时候气候潮湿，暴雨成灾。我国的著名科学家竺可桢也研究出来，凡是中国古代书上对黑子记载得多的世纪，也是中国范围内特别寒冷的冬天出现得多的世纪。还有人统计了一些地区降雨量的变化情况，发现这种变化也是每过 11 年重复一遍，很可能也跟黑子数目的增减有关系。

研究地震的科学工作者发现，太阳黑子数目增多的时候，地球上的地震也多。地震次数的多少，也有大约 11 年左右的周期性。

植物学家也发现，树木的生长情况也随太阳活动的 11 年周期而变化。黑子多的年份树木生长得快；黑子少的年份就生长得慢。

更有趣的是，黑子数目的变化甚至还会影响到我们的身体，人体血液中白血球数目的变化也有 11 年的周期性。而且一般的人在太阳黑子少的年份，感到肚子饿的较快，小麦的产量较高，小麦的蚜虫也较少。

日食的观测

日食是月球运动到太阳和地球中间，如果三者正好处在一条直线时，月球就会挡住太阳射向地球的光，月球身后的黑影正好落到地球上，这时发生日食现象。

在地球上月影里（月影：月亮投射到地球上产生的影子）的人们开始看到阳光逐渐减弱，太阳面被圆的黑影遮住，天色转暗，全部遮住时，天空中可以看到最亮的恒星和行星，几分钟后，从月球黑影边缘逐渐露出阳光，开始发光、复圆。由于月球比地球小，只有在月影中的人们才能看到日食。月球把太阳全部挡住时发生日全食，遮住一部分时发生日偏食，遮住太阳中央部分发生日环食。

日全食发生时，根据月球圆面同太阳圆面的位置关系，可分成五种食象：

1. 初亏。月球比太阳的视运动走得快。日食时月球追上太阳。月球东边缘刚刚同太阳西边缘相“接触”时叫做初亏，是第一次“外切”，是日食的开始。

2. 食既。初亏后大约一小时，月球的东边缘和太阳的东边缘相“内切”的时刻叫做食既，是日全食（或日环食）的开始，对日全食来说这时月球把整个太阳都遮住了，对日环食来说这时太阳开始形成一个环；日食过程中，月亮阴影与太阳圆面第一次内切时二者之间的位置关系，也指发生这种位置关系的时刻。

食既发生在初亏之后。从初亏开始，月亮继续往东运行，太阳圆面被月亮遮掩的部分逐渐增大，阳光的强度与热度显著下降。当月面的东边缘与日面的东边缘相内切时，称为食既。天空方向与地图东西方向相反。

3. 食甚。是太阳被食最深的时刻，月球中心移到同太阳中心最近；日偏食过程中，太阳被月亮遮盖最多时，两者之间的位置关系；日全食与日环食过程中，太阳被月亮全部遮盖而两个中心距离最近时，两者之间的位置关系。也指发生上述位置关系的时刻。

4. 生光。月球西边缘和太阳西边缘相“内切”的时刻叫生光，是日全食的结束；从食既到生光一般只有两三分钟，最长不超过七分半钟。

对于日食，食甚后，月亮相对日面继续往东移动。

5. 复圆。生光后大约一小时，月球西边缘和太阳东边缘相“接触”时叫做复圆，从这时起月球完全“脱离”太阳，日食结束。

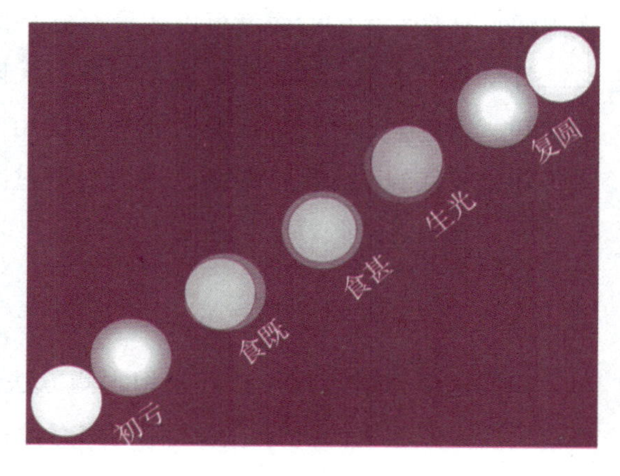

日食过程示意图

日全食与日环食都有上述5个过程，而日偏食只有初亏、食甚、复圆3个过程，没有食既、生光。

日食目视观测方法

目视观测即用肉眼直接观测或用肉眼通过仪器进行观测。首先申明，不能直接用肉眼观测太阳。因为太阳光很强使你无法观测，甚至会烧伤你的眼睛，观测时必须有减光装置，否则无法观测！下面介绍几种目视观测方法：

戴上一副足够深色的墨镜（如电焊墨镜片）。

找一块玻璃在煤油灯上把它熏黑。日食发生时候可隔着这块熏黑了的玻璃观测。用一张或几张废照相底片，把它们重叠起来，日食发生的时候隔着这些底片看太阳，此种方法可根据太阳光的强弱随时增减底片层数，还可以装在自制的眼镜框上，使用起来很方便。

日　食

取一盆清水倒入适量墨汁，待静置平稳后通过它看太阳的倒影，这是一种简单易行的观测方法。

利用小型望远镜看太阳的投影像，投影板安装在目镜一端，调好目镜焦距，使投影板上出现清晰的太阳像，日食发生的时候就可以在投影板上观测日食的全过程。

日全食时太阳本体全部被遮，只剩下太阳的高层大气——日冕，这时光线柔和、景色宜人，可以放心大胆地直接用肉眼去看了，但在偏食时，太阳光仍是比较强的，为保护眼睛，还需要通过减光设备去观测，不能用肉眼直接观测，这一点请爱好者们务必十分注意。

照相观测方法

我们这里介绍的两种日食照相观测方法，一是利用天文望远镜配上 135 单镜头反光照相机的机身拍摄太阳的焦点像；二是用照相机直接拍摄日食。

1. 用望远镜照相观测

拍摄焦点像实际上就是把望远镜的物镜当作照相机的镜头，这样一来，照相机的有效口径和焦距就相应地增大，对天文摄影就十分有利了。照相观测日食的具体要求如下：

（1）观测太阳要有减光装置

120 毫米望远镜原配有 1/2 000 的减光板，观测时必须用上。日全食时对日冕的拍摄就不必带上减光板了，因日冕的光较弱可直接进行拍摄。

（2）观测前要调整好望远镜

在观测前要对望远镜进行机械系统、光学系统、跟踪系统的全面检查与调试，使之观测时运转正常，仪器调整好后观测前在实地进行试拍调试。

首先要把镜子置平（利用在基座处水平气泡），然后再调整好望远镜的极轴，事先要搞清观测地的地理纬度，即北极星的地平高度是多少（极轴对准北极星便于跟踪）。若白天利用太阳定南北线调极轴不方便的话，可提前在夜间对准北极星进行调整，可把仪器固定在观测地点。若条件不允许，也可以在夜间利用北极星在观测地点做一个南北线的标志。白天观测前就可以利用晚间定的南北线标志进行极轴的定向，此方法也可取。

（3）要调好望远镜的焦距

要想取得好的观测结果，调好望远镜的焦距是一个非常重要的环节。120 毫米望远镜照相观测焦距的调节，是通过旋转望远镜的调焦轮在照相机的取景器直接看成像如何。

在拍摄过程中一定要配备快门线，不要用手按动快门。以免对仪器与相机的震动造成成像不清晰，在按动快门时眼睛最好要监视取景器，预防由于意外碰动望远镜与跟踪不准，太阳像不能始终在视场内或偏离视场的现象发生。

（4）观测日食全过程要事先计划安排好。

（5）观测前要把三脚架尽可能大地张开，以保持稳定，还要调整好三脚架的水平。

（6）望远镜的平衡要调整好。装上相机后进行调节为好。若平衡偏差太大影响正常跟踪。

（7）观测时要特别小心，手脚不可碰到三脚架和望远镜。否则，望远镜一移位，拍摄就有失败之虞。

2. 用照相机直接拍照日食

有相当多的天文爱好者手中可能没有小型天文望远镜，但手中备有照相机的人是很普遍的，可以说用照相机直接拍照日食照样能得到很好的观测结果。下面介绍一下观测方法与需要注意的地方。

（1）比起用望远镜进行拍照，太阳像在底片上要小得多，分辨率要低得多，因此最好是配有200毫米以上的长焦镜头较为理想。

（2）要配有较稳定的三脚架，一定要配备快门线，避免用手按动快门。

（3）偏食阶段日光仍然很强，因而必须加上适当的滤光片。拍照全食时须拿掉滤光片直接进行拍照。

三脚架

知识点

日　冕

日冕是太阳大气的最外层，从色球边缘向外延伸到几个太阳半径处，甚至更远。分内冕、中冕和外冕。

日冕由很稀薄的完全电离的等离子体组成，其中主要是质子、高度电离的离子和高速的自由电子。日冕的形状同太阳活动有关。在太阳活动极大年，日冕接近圆形，而在太阳宁静年则比较扁，赤道区较为延伸。

延伸阅读

日食对各地思想、文化的影响

日食的天文现象，对于人类有各式各样的影响，这些影响不仅包括对实际自然环境的改变，也体现在了文化与思想当中。

在历史上曾将日食视为不吉祥征兆，这是因为人们缺乏天文学知识或是资讯传播上的落后，所产生的局限认知，历史记载上的神话、民间上的传说，认为是象征灾难的降临，而要在日食时举行救日行动之类的仪式。

东亚方面，中国将日食当作是上天的警告，认为是肇因于天狗食日，必须敲锣打鼓赶走天狗，因此统治者对日食的观测非常关心，《日蚀说》曰："日者，太阳之精，人君之象。君道有亏，有阴所乘，故蚀。蚀者，阳不克也。"据说在夏朝，羲和因为漏报了日食而被斩首。也因此，中国保存了非常完整丰富的日食记录，记作"日有食之"，最早可推至《诗经·小雅·十月》："十月之交，朔月辛卯，日有食之，亦孔之丑。"据统计，不包括甲骨文中的日食记录的话，春秋时期到清代同治十一年（公元前770年至1873年），有记载的日食共985次（错误有8次），有时还有所谓"日再旦"（天亮两次）的记载。从《乙巳占》上的观点，李淳风认为，发生日食，是天子失德的表现。日食一般应验在君死、国亡上，更可以引起兵灾、天下大乱、死亡、失地上面。发生灾害的性质可以从天象的具体表现判断出来。日食从上面开始出现，天子行政失误；日食从旁边开始出现，将内乱，有大兵起，有更立天子之兆；日食从地下面开始发生，是后妃或大臣自恣太、行为失律所致。

汉朝的中国学者张衡，却针对日食和月食提出合理的科学解释，并说明原理。但古时候在传播资讯上的局限问题，不见得每个古人都知道。

根据日本神话天照大神说，当日食发生之时，代表侍奉太阳神的巫女卑弥呼的灵力消失，会遭到邪马台国人民加以杀害。

北欧神话当中，苏尔是太阳的化身，当发生日食的时候，就表示追逐太阳的凶狼斯库尔追上了苏尔，这时候地上的人们就会敲锣打鼓以吓走天狼。

月食的观测

地球本身不发光，在太阳光照射下，地球身后总拖着一条长长的黑影。当月球绕到地球身后，日、地、月三者几乎成一直线时，月球要从这个黑影中穿过，月食就发生了。

月球绕地球公转一周约 29. 5 天。月球本身也不发光，当月球转到地球身后时，被太阳照亮的半个球面正对着地球，这就是我们看到的满月。每次月食必然发生在满月时。

月球公转轨道平面与地球公转轨道平面之间有平均 5°多的夹角，往往满月时月球在地球身后黑影的上方或下方经过，所以不是每次满月都有月食发生。

地球身后的影子有半影、本影之分。当月球从半影穿过时，虽然太阳照到月球上的光少了些，但仍然很亮，几乎看不出满月月光的变化，所以半影月食一般是看不出来的。

当月球的一部分从本影穿过时，就会看到满月渐渐缺了一块，又慢慢恢复原状，这就是月偏食。当月球全部从本影穿过时，月全食就发生了。

正式的月食的过程分为初亏、食既、食甚、生光、复圆五个阶段。

1. 半影食始：月球刚刚和半影区接触，这时月球表面光度略为减少，但肉眼较难觉察。

2. 初亏（仅月偏食和月全食）：标志月食开始。月球由东缘慢慢进入地影，月球与地球本影第一次外切。

3. 食既（仅月全食）：月球进入地球本影，并与本影第一次内切。月球刚好全部进入地球本影内。

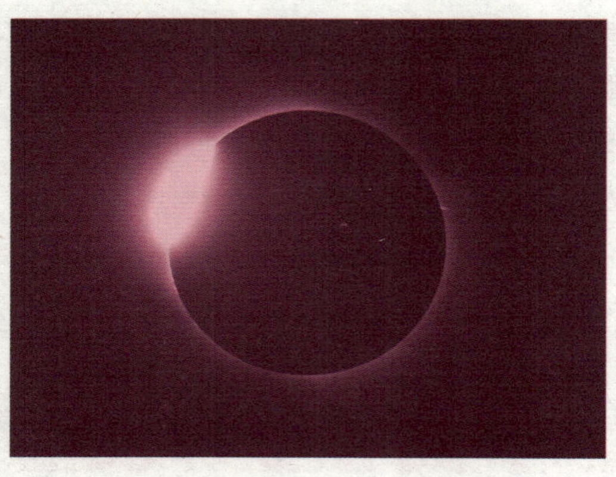

月 食

4. 食甚：月圆面中心与地球本影中心最接近的瞬间，此时前后月球表面呈红铜色或暗红色。(原因：太阳光经过地球大气层时发生折射，使光线向内侧偏折，但每种光的偏折程度不一样（色散），红光偏折程度最大，最接近地球阴影，映在月球上。此外，由于大气层的灰尘及云的含量与位置不同，光线偏折程度会有不同，因此月全食时的月球是暗红、红铜或橙色的。同样的道理，由于大气层的折射，朝阳与夕阳不是白色的，高度不同大气折射程度不同，所以朝阳与夕阳呈现橙色或红色)

5. 生光（仅月全食）：月球在地球本影内移动，并与地球本影第二次内切。月球东边缘与地球本影东边缘相内切，这时全食阶段结束。

6. 复圆（仅月偏食和月全食）：月球逐渐离开地球本影，与地球本影第二次外切。月球的西边缘与地球本影东边缘相外切，这时月食全过程结束。月球被食的程度叫“食分”，它等于食甚时月轮边缘深入地球本影最远距离与月球视直径之比。

7. 半影食终：月球离开半影，整个月食过程正式完结。月偏食没有食既、生光过程，食甚也只表示最接近地球阴影的时刻。

食甚时如月球恰和本影内切，食分等于1。食甚时如月球更深入本影，食分用大于1的数字表示。月全食的食分大于或等于1。偏食的食分都小于1。半影月食的食分大于0.7时，肉眼才可以觉察到。

月全食发生时，月球并非成为黑色，而是暗红色。这是因为太阳光经过地球大气层时，其中的红光会折射到地球身后的本影里而照到月球表面的结果。

因为月球绕地球运动是自西向东，所以月食发生时，总是月球的东侧先进入本影，所以初亏总是发生于月球东侧，而复圆总是发生于月球的西侧。

观测方法

1. 首先密切留意各种天气预报，选择天晴的地区。

2. 选择观测地点。要西南方开阔，无遮挡物。在高山可以多看一会儿月食。

3. 器材。纯粹看、不拍摄的读者，当然肉眼就可以看到，但是带个小双筒望远镜观测，也是一种新尝试。

拍摄方法

拍摄月全食，有很多不同的手法。

月全食可以使用广角镜头配合三脚架固定拍摄，相对来说对器材的要求不高。

拍摄前注意需先预计月亮的轨迹，以便取景。拍摄期间，不能移动相机和三脚架。设置每隔一分钟（可自定义）拍摄一张。相机参数按照当时具体环境来做调试，不是死规则，所以需要提前做好准备。

发生全食的时候，月亮比其他时候都要暗很多，如果不想中途改变参数，在开始拍之前就要让月亮过曝较多。如果中途要改变参数，可导致月亮串忽明忽暗，不太美观。

在拍摄期间也要密切留意，照片中的月亮是否太暗。

后期进行叠加，可以选择相隔4分钟的照片来叠加（月亮移动相当于一个月面直径的距离，约需要2分钟）。

月食一年中可能一次都没有，最多发生三次。但每次月食发生时，大半个地球上的人都能看到。所以，虽然月食比日食少得多，但对于某一地点来说，看月食的机会远远超过日食。

因为地球身后影子的直径远比月球大，所以月食观测时间比日食长，有的月全食要超过三个半小时。

天文爱好者还可以测月偏食的“食分”。将月球直径分成10秒，食甚时月球直径最多被遮住十分之几，即为食分。食分小于1是月偏食，等于1时为月全食。

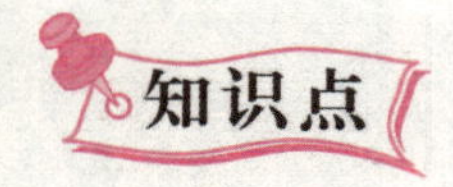

知识点

广角镜头

广角镜头是一种焦距短于标准镜头、视角大于标准镜头、焦距长于鱼眼镜头、视角小于鱼眼镜头的摄影镜广角镜头。

广角镜头的基本特点是，镜头视角大，视野宽阔。从某一视点观察到的景物范围要比人眼在同一视点所看到的大得多；景深长，可以表现出相当大的清晰范围；能强调画面的透视效果，善于夸张前景和表现景物的远近感，这有利于增强画面的感染力。

延伸阅读

古人对月食的记载和研究

公元前2283年美索不达米亚的月食记录是世界最早的月食记录，其次是中国公元前1136年的月食记录。

月食现象一直推动着人类认识的发展。古代中国与非洲民间认为月食是“天狗吞月”，必须敲锣打鼓才能赶走天狗。

在汉朝时，张衡就已经发现了月食的部分原理，他认为是地球走到月亮的前面把太阳的光挡住了，“当日之冲，光常不合者，蔽于地也，是谓暗虚，在星则星微，遇月则月食。”

公元前4世纪，亚里士多德从月食时看到的地球影子是圆的，而推断地球是球形的。

公元前3世纪的古希腊天文学家阿利斯塔克和公元前2世纪的伊巴谷都提出通过月食测定太阳一地球一月球系统的相对大小。伊巴谷还提出在相距遥远的两个地方同时观测月食，来测量地理经度。

2世纪，托勒密利用古代月食记录来研究月球运动，这种方法一直延用到今天。在火箭和人造地球卫星出现之前，科学家一直通过观测月食来探索地球的大气结构。

流星雨的观测

对于流星的观测，最直接和有效的、也是最经典的方法就是目视观测。我们的眼睛比大多数的观测设备都要灵敏，况且无成本投资，的确应该好好利用。

我们所说的观测流星，一般都是指观测特定群的流星。区别流星的归属是观测中的首要问题。

我们知道，平时夜空中经常会有流星出现，由于形成流星的流星物质进入地球大气层的角度各异，流星运动的方向看上去就是杂乱无章的。可是如果这些流星物质是成群地向着同一个方向运动，那么进入大气层的时候，由于视觉透视，它们看上去就像是从天上一个点辐射出来的一样，这个点就称为该流星群的辐射点。

流　星

我们一般用流星群辐射点所在的星座或附近比较明亮的星名来命名这个流星群。例如狮子座流星群的辐射点就位于狮子座中。如果我们要观看的是狮子座流星，那些运动轨迹的反向延长线不经过辐射点的流星就一定不是我们的目标，把它们称作群外流星。

那么是不是从这个星座出来的所有流星都是群内的呢？或者只有那些方向延长线精确地经过所谓辐射点的流星才是群内的呢？不是的。

流星雨的辐射点一般并不是一个几何学上的点，而是天空中一定范围的圆形区域，这个区域的直径一般来说很小，大约只是太阳视直径的1/10以下。只有流星轨迹的反向延长线经过这个范围内，它才可能是群内的。

那么是不是所有反向延长线经过辐射点的流星都是群内流星呢？这还与流星的速度有关。

我们观测时会发现，流星的运动速度各不相同，这与流星物质进入地球大气层的相对速度有关。但是对于同一群流星物质，与地球的相对速度基本相同。

由于我们观测的线与流星运动方向的不同，即使是同一群流星，目视观测的速度也会不同。通常，流星的出现位置距离辐射点越远，速度就越快，轨迹也越长；流星出现位置越接近辐射点或地平线，速度就越慢，轨迹也越短。

根据这个原理可以知道，在辐射点附近出现的流星，如果速度很快或轨迹很长，那么即使它的反向延长线经过了辐射点，也不应属于该流星群。

你可以将流星的速度按照自己的判断进行分级：快、较快、中、较慢、慢。观测时把看到的流星按这五种分别归类、记录下来，便于今后总结、比较。当然，每个人对于速度的划分可能互不相同，没有关系，经过长时间的观测，你对于流星速度的判断就会稳定下来了。

流星有亮有暗，在笔者所观测的流星中，最亮的犹如闪电，颜色也千差万别，红、绿、蓝、黄等等，五彩缤纷，真像天女散花。下面就介绍观测中如何记录流星的亮度和颜色。

亮度是流星的重要指标之一，也是我们目视观测时要记录的重要内容。应该记下你所看到的所有群内流星的亮度，至少精确到1等。

判断流星亮度，可以采用与天空中的星相比较的方法：在观测之前，我们要事先熟悉天空中一些著名亮星的星等。在观测中，当出现流星的时候，和这些亮星进行比较，就可以估计出流星的亮度。

要注意，用来作亮度比较的星，应该尽量与流星出现的方向一致。这样，流星和比较星可以出现在同一视野中，便于比较，同时，影响我们对流星亮度估计的天空状况等也可以尽量保持一致。

流星物质的组成不同，进入大气层后燃烧时的颜色也不同，但只有那些比较亮的流星，我们才能分辨出颜色，否则感觉就是白色，这就像我们在黑夜中无法分辨花的颜色一样。可见，流星的颜色并不是目视观测要记录的重要数据，在无法判断或来不及时可以不记录。

对于比较亮的流星，尤其是火流星，流星过后轨迹会在天空中停留一定的时间，这就是流星余迹。它的停留时间最短不到 1 秒钟，转瞬即逝，长的达到几十分钟，像片云彩一样飘在空中，并且不停地变换着形状。余迹很适合用双筒望远镜观测。

如果流星有余迹，应该记录下它持续的时间长短。

火流星

观测流星的时候，我们的视野方向在一定的时间段内要固定，并记录下自己视野的中心位置，用赤经和赤纬表示。

如果大家一起观测，可以各自负责一块天区。即便别人观看的天区出现了流星，也不要随意转过去，以免会错过自己天区中出现的流星。这对于观测者的确是一个考验。

我们观测的视野范围越大，就越可能看到更多的流星。因此，我们应尽量选择没有障碍的环境进行观测。视场中被遮挡的情况要记录下来，采用占总视场的百分比来表示。

如果是建筑物或树木还好确定，因为它们是相对静止的，只需要在改变观测区域的时候记录一次即可。而如果是天空中的云，情况会复杂一些。由于云经常变化，我们应该经常记录云占观测视场的百分比。

如果视场中被遮挡的范围超过 20%，就应该中断观测，也可以改变观测方向。当然在出现流星暴雨的时候可以例外。

在流星观测中要随时记录数据，过去人们常采用纸笔记录的方式。但是这种方法一般需要低头书写，会错过这时出现的其他流星。另外，还要把记录的时间从总的观测时间内扣除。

应该尽量记录每个流星的情况，包括出现的时刻。实际上，在上报的数据表格中必须要提交的是：每个时间段内流星的数目，以及它们的星等分布。可见重要的是流星的计数。

计数的方法有很多，观测中可以采用：只记录每个时间段开始和结束的时间，以及该时间段内出现的每颗流星的亮度，观测结束后再整理。

目前，人们最常采用的是录音记录的方法。它的好处是在记录的时候，不影响眼睛保持继续观测。可以准备一个可声音报时的闹钟或手表，省去你低头看表，从而错过流星。这样时间段起止的报时声也可以随时记录，以便事后整理数据。

火流星

火流星是一种偶发流星，通常火流星的亮度非常高，而且会像条闪闪发光的巨大火龙划过天际，有的火流星会发出“沙沙”的响声，也有的火流星会有爆炸声，也有极少数亮度非常高的火流星在白天也能看到。是在天空中最令人惊艳的天文现象。

七大著名流星雨

1. 狮子座流星雨

狮子座流星雨在每年的 11 月 14 日至 21 日左右出现。一般来说，流星的数目大约为每小时 10 颗至 15 颗，但平均每 33 年至 34 年狮子座流星雨会出现一次高峰期，流星数目可达到每小时数千颗。

2. 双子座流星雨：双子座流星雨在每年的 12 月 13 日至 14 日左右出现，

最高时流量可以达到每小时120颗，且流量极大，持续时间比较长。

3. 英仙座流星雨：英仙座流星雨每年固定在7月17日到8月24日这段时间出现，它不但数量多，而且几乎从来没有在夏季星空中缺席过，是最适合非专业流星观测者观测的流星雨，地位列全年三大周期性流星雨之首。

4. 猎户座流星雨：猎户座流星雨有两种，辐射点在参宿四附近的流星雨一般在每年的10月20日左右出现；辐射点在ν附近的流星雨则发生于10月15日到10月30日，极大日在10月21日，我们常说的猎户座流星雨是后者，它是由著名的哈雷彗星造成的。

5. 金牛座流星雨：金牛座流星雨在每年的10月25日至11月25日左右出现，一般11月8日是其极大日。极大日时平均每小时可观测到五颗流星曳空而过，虽然其流量不大，但由于其周期稳定，所以也是广大天文爱好者热衷的对象之一。

6. 天龙座流星雨：天龙座流星雨在每年的10月6日至10日左右出现，极大日是10月8日，该流星雨是全年三大周期性流星雨之一，最高时流量可以达到每小时400颗。

7. 天琴座流星雨：天琴座流星雨一般出现于每年的4月19日至23日，通常22日是极大日。该流星雨是中国最早记录的流星雨，在古代典籍《春秋》中就有对其在公元前687年大爆发的生动记载。

星座、星图与星象

看星是非常有意义的校外科技活动，学会看星既可以帮助广大青少年朋友巩固课堂内所学到的知识，又可以培养大家的科学精神，激发中小学生学习科学、运用科学的兴趣。那么，我们应该怎样来看星呢？

当然，一点不懂星象的人同样可以欣赏星空的美。星的颜色丰富多彩：一眼看来似乎全像亮晶晶的宝石，仔细看看却有红的，有青白的，也有蓝的、黄的，还有绿的；它们闪烁着，像小仙人的眼睛。有人把无月的星夜说成是天上“琼楼玉宇”倒塌了，它的碎片布满了天空。星月交辉之夜，大家会想起“星垂平野阔，月涌大江流”（唐朝杜甫《旅夜书怀》）的诗句。

假使懂得把星看成各种形象，诸如人物、动物、用具等等，兴趣就更大了。自古以来，多少跟大自然打交道的牧人、农民、渔夫和战士，都分享了各自的一份乐趣；是他们的想象，把星象和种种神话传说联系了起来。

如果能再进一步知道一些有关星的科学知识，你就会兴起探索宇宙秘密的雄心，那就不只是欣赏了，而是科学研究。

星空向我们显示季节的交替。看某些星在哪个位置上，什么时间升起来落下去，就可以分辨季节，比什么都可靠，这该多有趣啊！每逢夜晚，我们不论在陆上，在空中，在水面，星会告诉我们时间和方向。在许多情况下，这是很有实用价值的。

看星，在星空中漫游，兴趣是无穷无尽的，但是很少有人去做。为什么呢？其中有个重要的原因就是许多人以为认星是很困难的。

其实认星并不困难，不需要用多少数学知识去进行计算。计算是天文学家的事情，我们只需到户外去看就是了。当然，如果能在室内先做一番准备工作，不但效果好，兴趣也会更大。

在晴朗无云的夜里，没有练习过看星的人，只见繁星满天，好像是些杂乱的小光点。但是仔细多看些时候，就会觉出有些星能够搭成四边形、斗形或三角形等等。这些星不论上升或下降，不论哪一年看，总是搭成四边形、斗形或三角形，只是有时候直竖、有时候横倒罢了。古人根据自己的想象，把星联成种种更复杂的形象，又按形象分了区，并且一一给它们命了名，这就有了“星座”。

星座就是星区，划为星区为的是便于辨认和找寻。同一个星座里，各个星的相对位置虽然是固定的，但是四季出现的星象并不相同。农村的夏夜，在院子里乘凉，大家爱指认的牛郎星和织女星，但是在一月的晚上我们就看不见它们。

现在，我们大家都知道，白天太阳的东升西降，并不是太阳在绕地球转圈，相反，是我们的地球自己在转动。星的东升西降，原因也是一样。但是星的上升和下降每天会提早4分钟，一个月就提早2小时升降。因此同一颗星，在月初夜九点钟看见它在天上某一位置，在月末晚七点钟就已经在那里了。这样就形成星象四季不同，每季换上一批星。每夜出现很多星座，我们就有许多星可以看了。

地球四周都有星。由于我们的地球是球形的，地平的弧线挡住了我们的视线，使我们看不见另一面的星，所以北半球的星象和南半球的星象是不完全相同的。比如，新西兰人就看不见北斗星。

严格说起来，地球上各个纬度上所见的星象都有不同。在北半球，纬度越高（越近北极）的地方，北方的星越高出地平线而靠近看星的人的头顶；纬度越低（越近赤道），北方的星就升不高，而南方的星却可以多看到一些了。

这些是对星象进行研究的基础知识。那么，是不是有了这些基础知识，我们就可以对它们进行科学研究了呢？不是的，对星象进行科学研究还需要一样工具，那就是星图。

我们在地球上旅行要使用地图，在星空中漫游就得依靠星图。这个道理是不用解释的。下面是八张半圆形的星图，它们就是春、夏、秋、冬四季的夜晚的星空图，每个季节两张：一张是面向北的时候看到的星空，另一张是面向南的时候看到的星空。面朝北的时候，就用底边地平线正中写着“北”字的那张星图，这时候左边是西，右边是东。图正中最高的那点就是头顶的天空，叫天顶。反过来说，面朝南的时候，就用底边正中写着“南”字的那张星图，这时候左边是东，右边是西。这两张图从东、西两点和天顶合并起来。就是地平线上的整个星空。星图上亮的星大，暗的星小，星星之间的细线是假想的，名字是星座名称。穿越星空颜色略淡的地方，是银河的大概轮廓。

四季星空图是在下列的月份和时间中看到的星空：

看星的时候，最好准备一只手电筒，用红布包裹，使它发红光。在这样暗的红光下看完星图，再去找星，眼睛就不会受干扰；如果电筒是白光，那么看了星图以后再看星，就会一时看不清楚。

辨认星座的时候，应该根据星图和说明，先找这个星座里的最亮的星（叫“主星”）。例如夏季星空中的牛郎、织女等，它们都是头等大星，牛郎是天鹰座的主星，织女是天琴座的主星。随后，把这种大星看作指引的“路牌”，再根据星图中各星的相对位置看全整个星座。

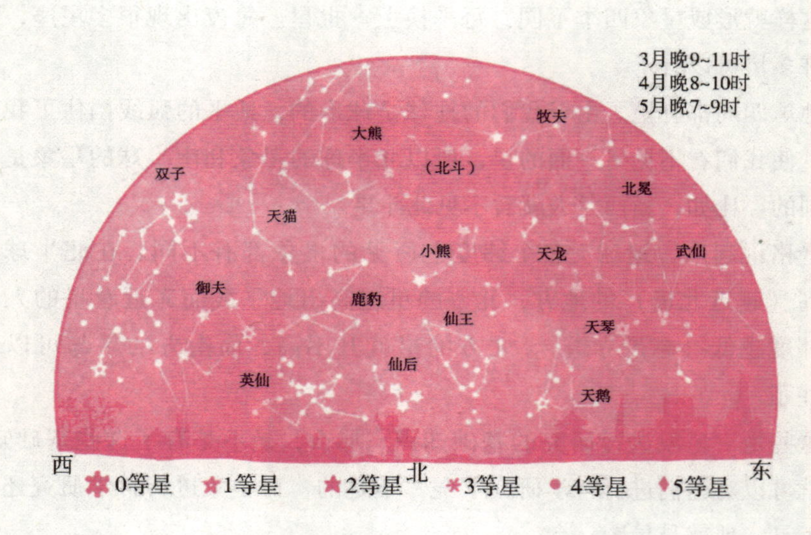

春夜星图（北天）

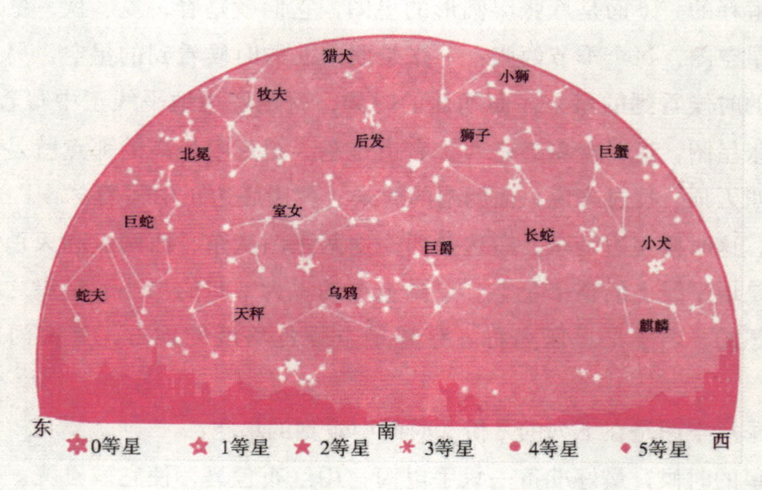

春夜星图（南天）

由某个已经认识的星座或者一个显明形象如三角形、斗形等，引一根直线或孤线到多远的地方，就可以碰到另一个星座或它的主星，因而扩大到认识全座，这也是看星常用的方法。例如：夏季从轻扁担（牛郎三星）引出一直线，向西北延长约6倍多，就可以找到织女星。又如找北极星，也是用类似的方法。

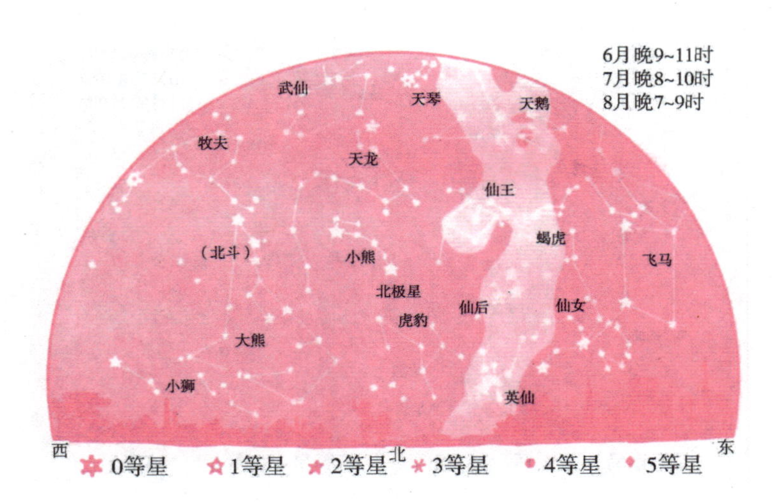

夏夜星图（北天）

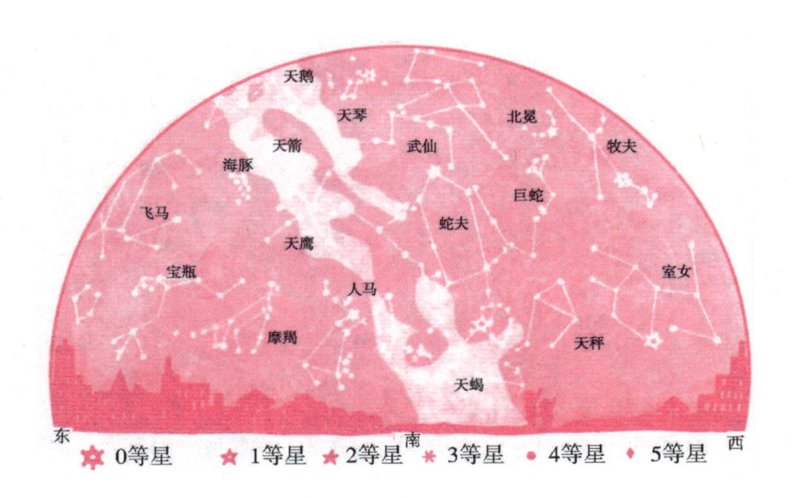

夏夜星图（南天）

辨认星必须通过自己的辛勤劳动，尤其在开始的时候。我们找到了某一星座，第二夜必须复习，不然就容易忘却。在有人指导和集体看星的时候，必须防止专依赖他人指点的偏向。指导的人只能把星座的主星（最亮的星）或显明形象指给大家看，其他较暗的星，应该由看星的人自己把已经认识的主星和显明形象做基础，根据星图搜寻，隔夜再温习巩固。

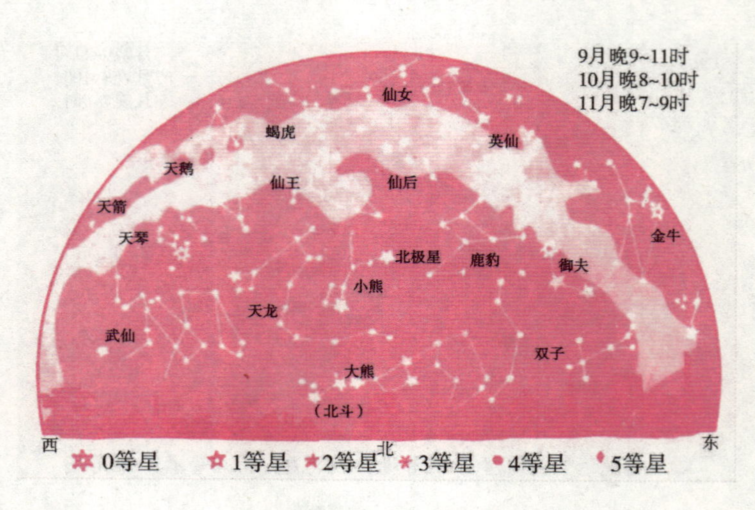

秋夜星图（北天）

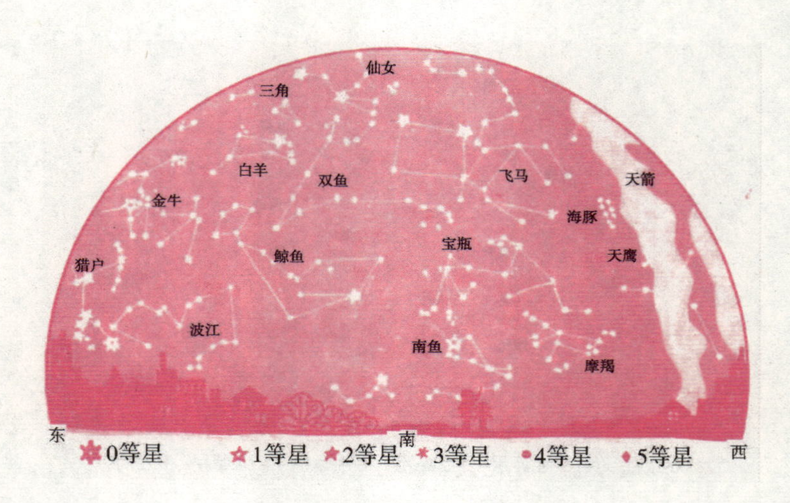

秋夜星图（南天）

集体看星的时候，指导的人可用硬纸做个喇叭形的筒，固定在支架上，把准备指给大家看的一小部分天空围起来，让初学看星的人从小的一头望出去，就容易找到要看的星象了。人多的时候，可多做几个纸筒应用。备一只手电筒当作“教鞭”，也可以随意指出某颗特定的星或某些形象。

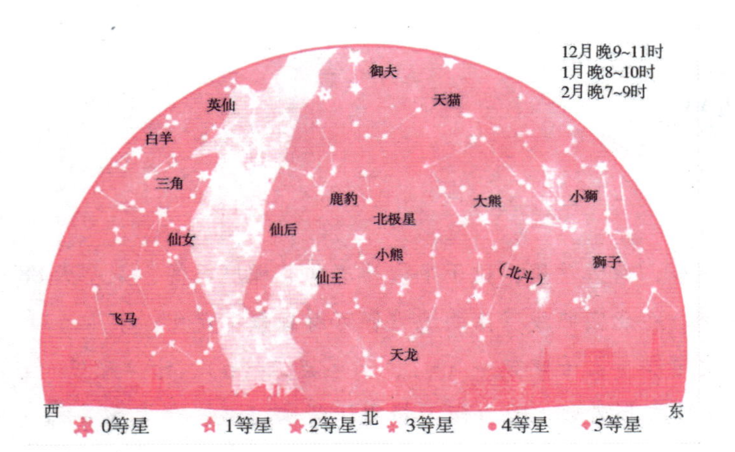

冬夜星图（北天）

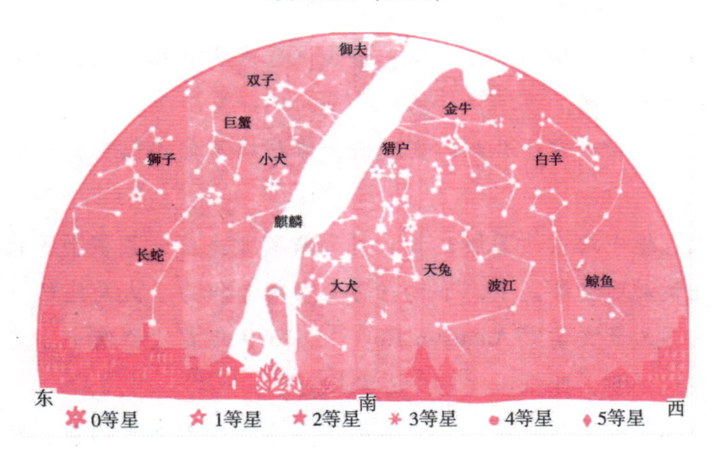

冬夜星图（南天）

地平线

地平线指地面与天空的分隔线，其更准确的说法是将人们所能看到的方向分开为两个分类的线：一个与地面相交，另一个则不会。在很多地方，真地平线会被树木、建筑物、山脉等所掩盖。取而代之的是可见地平线。然而，如果身处海中的船上，则可以轻易看到真地平线。

延伸阅读

最小的星座：南十字座

南十字座，南天星座，位于半人马座和苍蝇座之间，是全天88个星座中最小的一个。在北回归线以南的地方皆可看到整个星座。

座内主要亮星：十字架一（γ）、十字架二（α）、十字架三（β）及十字架四（δ）组成十字形。因为南天极附近没有亮星，十字架一及十字架二就被利用来指示方向——只把它们之间的距离延伸大约4.5倍就是南天极。所以这个十字在南半球和北斗在北半球同样重要。

另外，半人马座南门二及马腹一连线的垂直平分线与上述那一条延伸线的交点也会是南天极。

注意，早于南十字座升起的南天假十字很容易使人以为南天假十字是南十字座。

在古代，地中海（古希腊）地区可以看到此星座，且留下了记录，而现在由于岁差运动而看不见了，不过当时大多将其作为半人马座的一部分。一般认为是法国的天文学家 Augustin Royer 于1679年首次将南十字座设定为星座。但是在这之前，此星座就已广为人知。

新西兰的国旗上就有省略了ε星的南十字座。而澳大利亚、巴西、巴布亚新几内亚和萨摩亚的国旗、澳洲国立大学的校徽上也都有南十字座。

夏季星空观测

夏季是一年中最好的看星季节，许多会看星的人都是从夏季开始的。人们常常指着夏夜出现的繁星，说星星也跟人一样出来乘凉了。的确，夏夜晚上的天顶附近是星星出现的密集区，银河也是在夏夜的晚上最明亮，有关星象的神话故事也是夏夜最丰富。下面，我们就为广大青少年朋友讲一讲如何来观察夏夜的主要星象。

天蝎座

我国古代二十八宿中，天蝎的钳子是房宿，心是心宿，尾是尾宿：房、心、尾三宿刚好合成一个天蝎座。天蝎座即我国古代所说的心宿二，西洋古代也把它看作一颗心——一只大蝎子的心，是天蝎座的主星。

天蝎座是整个夏季雄踞在南天夜空的大星座。它拥有一等大星一颗，二等星三颗，三等星十颗，双星一对，所以轮廓明显，引人注目。

蝎子是一种节肢动物，个儿不大，一般长约六厘米。它的头部有一对触肢，样子像是蟹螯，但是这并不毒，毒的是它的尾钩。有些特别毒的蝎子，人被它的尾钩蜇了会有致命的危险。

据希腊神话，这只天蝎是神后希拉差来刺死大猎人奥赖翁的（奥赖翁即猎户座）。天蝎和大猎人后来都上了天，各自成了星座。但是它们结下了深仇大恨，永不相见，天蝎座夏夜出现，猎户座冬夜出现。

像这样永不相见的星座的故事，我国古代也有。《左传》里有这样的故事：从前有一个国王叫高辛氏，他有两个儿子，大的叫阏伯，小的叫实沈。弟兄俩很不和睦，天天动干戈打仗。高辛氏没有办法，只得把阏伯调去商丘，那儿是归商星（就是心宿）主管的；把实沈调去大夏，那儿是归参星（就是参宿，即猎户座）主管的。现在形容意见不合，叫做“意见参商”；又形容不易相见，如“人生不相见，动如参与商”（杜甫诗），就是根据这个故事和参商二星此起彼落的现象而来的。

位在心宿三星的南方不远（中间隔着一颗星），有两颗星靠得很近，因为闪烁不定，很像在转动。我国农村说它是水车星，或者称为踏车星。传说是姑嫂两人在天河边车水灌田。

从水车星以下，全部蝎尾都浸在天河里。

天蝎尾钩右边并列的两颗星，西洋民间叫作猫儿眼，我国民间叫作龙眼。整个天蝎座倒过来看，就成了龙船星，两颗星成了龙船头，心宿三星和天蝎的两个钳子都成了龙船尾。

天蝎座的西面有天秤座。西洋古星图上就有个天秤座；天秤主要四星（就是秤顶三颗星加右戥盘一颗星）并入天蝎，使天蝎的“钳”长得更大了。这四颗星也可以看成斗形。

天鹰座

银河上空有一头雄鹰，正在振翼向东北飞去。轻扁担的河鼓三星构成它的头部，我们可以根据头部三星和身体其他各部分星的相对位置，找出鹰的全貌，这就是天鹰座。

在希腊神话里，这头雄壮的大鹰是众神之王宙斯变成的。它飞到人间，驮回了一个名叫甘尼美德的美少年，充当“宝瓶侍者”。

神国奥林帕斯山上的诸神，不论大小，都各有职司。每天工作完毕以后，神王宙斯就要大张筵席，招待众神欢宴畅饮。在席间，手执宝瓶，往来给众神添酒或倒水洗手的，本来是公主兼青春女神希比。这是古希腊风俗，宝瓶侍者照例由主人的未嫁的女儿担任。

后来，立了十二大功的大英雄武仙赫丘利上天来了，宙斯把公主希比嫁给他，宝瓶侍者的空缺就由人间美少年甘尼美德顶替了。甘尼美德自己也有一个星座，就是秋季出现的宝瓶座。

主星河鼓二，就是轻扁担中间的一颗星，也是下节里要讲的牛郎星。它的亮度是0.8等，离我们16光年，是近星之一；直径比太阳略大，是太阳的1.6倍。

牛郎织女

谁不知道牛郎织女的神话故事呢？谁不想在夏季的夜空中见见他们呢？从三千年前我们祖国的诗集《诗经》起，历代诗歌中都有关于他们的诗句。只要你在夏季的天空中找出两根扁担，就可以见到牛郎，他就是轻扁担中间的那颗大星（河鼓二星）。大星两边的两颗小星，传说是牛郎织女生的两个孩子，当织女被王母娘娘逼到河西的时候，牛郎一担挑起两个孩子在后面追赶。

牛郎又叫牵牛。由牛郎三星的南边一颗星起，通过中间大星，画一根直线，延长约6倍多些，就可以碰到一颗青白色的大星，它很美丽，越看越逗人喜爱，那就是织女星，她孤零零地在天河西岸。在织女大星右下方，有四颗小星搭成平行四边形，据说，这是她的织机，用它可以织成天上的云霞。

牛郎织女之间，横着一条滔滔的天河，硬生生地把这对夫妻拆散了。

神话世界里的牛郎和织女每逢夏历七月初七，就要跨过由喜鹊搭的桥，渡河相会。恒星世界里的牛郎星和织女星是没法相会的。它们之间相隔遥远，即使用光速来通信，也得花32年（两星相距16光年）。

织女星的亮度是0.04等，离我们地球27光年，是最早被测定距离的三颗恒星之一。

梭子星离牛郎三星东北不远处，有四颗小星搭成菱形，形状像梭子，我国民间就叫“梭子星”。这梭子显然是织女的织布用具，怎么会到河的东岸去呢？故事中说是织女丢过去的。这在现代国际通用的星座名称中，叫作海豚座。

牛宿是牛郎所牵的老牛，在故事中传说是条仙牛，牛郎娶织女的时候，它帮了很多忙，星空中也有它的地位，是在摩羯座里。摩羯座是秋季星座，现在它正从东南角的地平线上升。夏季星图把它画在夏季星图南天部分的东南角，我国叫作牛宿。顶上的一颗是双星，肉眼可以看得很清楚，但实际是颗六合星。这条牛只有两角（双星），身体还有点影子，脚和尾巴全没有了。

武仙座

武仙座是纪念希腊神话中的盖世大英雄赫丘利的。他一生的事迹惊天动地，人们特别称道的是他征服妖魔鬼怪立下了十二件大功，被他杀死的怪物好些也位列在天界众星间等。

赫丘利一生事迹虽然轰轰烈烈，但是纪念他的武仙座却没有一颗大星做标志，全体都是些三四等小星，找起来不大容易。

参考夏季星图，顺着北斗柄所构成的弧线延长出去，在西方天空会碰到一颗橙色的一等大星，它是牧夫座的主星大角。由大角向织女，画一直线，途中会碰到两个星座：一个是成半环形的北冕座；另一个星座就是武仙座，它比北冕座更靠近织女。

武仙的头呈长方形，包含三等星和四等星各两颗，是本座的显明标志，其余的形象就可以根据星图辨认了。

赫丘利是众神之王宙斯和人间凡女阿尔克美妮的儿子，赋有神武的勇力。他犯下了杀死自己族人的罪，国王龙里秀斯判决要他立十二大功来赎罪。

赫丘利遵照命令立下的第一件大功，是扼死了尼米亚山谷中的一头铜筋铁骨的猛狮。春季夜空的狮子座就是这第一功的辉煌纪录。

第二件大功是斩杀亚各斯大泽中的九头大蛇。那条蛇也可以在春季夜空中见到，就是长蛇座。

余下的功劳也都是极难做到的事，例如生擒危害人畜的大野猪，捉拿金角铜腿的奇鹿，驱除喜吃人肉的怪鸟等等。他还远征西方，设法取到了金苹果，这金苹果是神后希拉交给夜神的四个女儿的，长在西方夜花园里，树下有一条昼夜不眠的百头巨龙把守着。这头巨龙现在也在天界。

初夏的六月夜八九点钟，南方的读者可以看到在南方天空里的整个半人马座。珠江流域的读者可以看到半人马前蹄上的两颗主星，它们并列像大门：东面的一颗我国专名叫作南门二，是颗 -0.1 等大星；西边的一颗叫作马腹一，稍为暗些，是颗 0.60 等大星。马腹是我国古代给这颗星起的专名，并不是指半人马的肚子。古书《山海经》上说，马腹是个人面虎身，声如婴儿的怪兽。

南门二是肉眼可以看见的靠近地球的恒星之一。离我们 4.3 光年。它是颗三合星，其中两颗比较大，第三颗最小，这就是我们前面提到过的“比邻星”，离我们 4.22 光年，是现在已知的最近恒星，但是它的亮度只有十一等，肉眼看不见。马腹一比较远，离我们 490 光年。

光 年

光年，长度单位，光年一般被用于计算恒星间的距离。光年指的是光在真空中行走一年的距离，它是由时间和速度计算出来的。

希腊神话简介

希腊神话源于古老的爱琴文明，是西方文明的始祖，具有卓越的天性和不凡的想象力。在那原始时代，他们对自然现象，对人的生死，都感到神秘和难解，于是他们不断地幻想、不断地沉思。在他们的想象中，宇宙万物都拥有生命。然而在多利亚人入侵爱琴文明后，因为所生活的希腊半岛人口过剩，他们不得不向外寻拓生活空间。这时候他们崇拜英雄豪杰，因而产生了许多人神交织的民族英雄故事。这些众人所创造的人、神、物的故事，经由时间的锤炼，就被史家统称为“希腊神话”，公元前十一二世纪到七八世纪间则被称为“神话时代”。

希腊神话谈到诸神与世界的起源、诸神争夺最高地位及最后由宙斯胜利的斗争、诸神的爱情与争吵、神的冒险与力量对凡世的影响，包括与暴风或季节等自然现象和崇拜地点与仪式的关系。希腊神话和传说中最有名的故事有特洛伊战争、奥德修斯的游历、伊阿宋寻找金羊毛、海格力斯（即赫拉克勒斯）的功绩、忒修斯的冒险和俄狄浦斯的悲剧。

秋季星空观测

秋夜的星象另有一番景色。抬头看一下北天和南天的星象，立刻见到了“北斗阑干南斗斜”的景色。“阑干”是纵横的意思，北斗横陈在北方偏西的地平线上，纬度比较靠南的地方只能见到斗柄三星了。

南斗斜挂在天空的西南角。银河从夏季由西北往东南的走向，逐步改成现在由东北往西南走，横过天顶。西方天空还有牛郎、织女和天津四三颗大星，但是南方天空已经见不到灿烂的夏季众星，只见一派小光点，中间夹着一个上升很迟的“孤独者”北落师门，那是南鱼座主星。

东北角上新起了一白一红的两颗大星五车二和毕宿五（冬季御夫座和金牛座主星）。全天空只有六颗一等星，可是无月之夜，天河附近以及南方天空，仍然密集着满天繁星，闹得像一锅沸水。

在夏季里学得了辨认星的本领，秋季正是一显身手的好时节，跟比较暗的星打交道是要有些基础的。

如果你是从秋季开始学看星的，那也无妨，夏季的星座还留在西方的天空里，可以做你的速成补习教材。

秋高气爽，“月到中秋分外明”，看星家不希望有分外明亮的月，但是对于初学的人，月光可以把扰乱人眼的“杂星”掩去，把搭成星座的主要的星（它们多数在五等以上）留下。

天鹅座

深秋，天鹅从北方南来过冬，但是我们这只“天鹅”从春末夏初就已经在东北方天空出现，整个夏季在银河上空翱翔。现在长颈直指西方，准备飞下地平线去了。

人间的天鹅常在飞翔中发出“哇哇”的叫声，星空的天鹅也在呼唤友人的归来。

按照希腊神话，天鹅是锡格纳斯变的，它是太阳神阿波罗之子菲登的好友。他们的友谊非常亲密，到了形影不离的程度。不幸菲登年幼无知，强驾他父亲的金车，闯下了滔天大祸，几乎把天上神仙的宫殿都烧光，大地也几乎变成焦土。众神之王宙斯用雷电把菲登打死在波江中，才止住了这场灾祸。

锡格纳斯哀痛万分，化作天鹅到处寻找菲登的尸体。但是它不到菲登死处的波江（波江座）上空去找，却飞在银河面上苦苦地叫着：“归来吧，朋友!”也许它是从东北角的银河上空一路飞来的吧，它看到菲登驾的金车（御夫座）跌入银河中，车轮向上翻了身，车头沉在银河里，车身却搁在河的东岸上。

御夫座的全体像一辆古希腊的战车，现在正跟着东方天空的银河上升；波江座正从东方和东南方地平线上出现。它们都要到冬季才升得最高。但是秋季（要夜深些）是有关这个故事的三个星座可以同时看见的时节。

在西方也把天鹅座看成一个十字架，所以有北十字的俗名，跟南十字座遥遥相对。把天鹅座看成十字架，是简化了这个星座，对于初学看星的人是有帮助的。

摩羯座

希腊人认为神是不朽和万能的，但是神也不能逃避灾难。传说，有一天，希腊的奥林匹斯山顶的神国里举行大宴会，众神之王宙斯和神后赫拉坐主位，大小神仙依次排列。宝瓶侍者（宝瓶座）在众神间穿梭似地往来斟酒。正当仙乐飘扬、众神开怀畅饮的时候，突然宙斯的死敌、一身百头、口吐烈火的巨怪，率领妖群丑类，张牙舞爪，从四面八方包围袭击奥林匹斯山。诸神疏于防范，事变突然发生，抵御不及，只得纷纷变形：宙斯变成一头牡牛，赫拉变成母牛，太阳神阿波罗变成雄鸡，月神狄雅娜变成猫，诸神各有所变。在众神变的形象中，有两个至今留在天界中。一个是牧羊神潘恩变成摩羯，是个羊头鱼尾的怪形状，这就是摩羯座。另外是爱神维纳斯和她的儿子丘比特变成的两条鱼，就是双鱼座。摩羯和双鱼都逃入了尼罗河中躲过了大难。

摩羯座在人马座之东，全体只有头和尾是两颗三等星，余下都在四等和四等以下。但是这个区域里没有银河，倒也不很难找，只要从织女引出一直线，通过牛郎再延长不到一倍，就落在摩羯尾部的主星上。以后就可根据图推辨，看出它全体有点像一边略凹进去的三角形，也像一只展翅飞翔的巨大蝙蝠。秋季星图上把它画成一只头低角向东、尾高高竖起的准备战斗的山羊，西洋古星图画成摩羯原形，不过头西尾东，刚好相反。

摩羯尾尖的小星是颗双星，肉眼可以看出。我国古代专名叫作牵牛，是二十八宿中的牛宿。实际上，这条牛只有这颗双星组成一对角，身体还有些影子，根本没有脚。我国最先把牛宿叫牵牛，后来才把河鼓三星叫作牵牛郎。牛宿是颗双星，实际上各自又是三颗合在一起的三合星，共有六颗星。

在山羊嘴一颗星的东面略南，有一个 M30 球状星团，晴夜无月，肉眼恰可看到一小点光斑，用小望远镜可以看得比较清楚些，但是仍是一小点光斑。

双鱼座

双鱼座的星比摩羯座的更小，全体最亮的只有一颗三等星，其余全在四等以下。找它前要先找定飞马—仙女大方框，双鱼中的西鱼就在大方框的南边，略成环形。北鱼实际只有三颗星比较亮些，只能构成一个三角形，不像西鱼那样容易找。它在仙女左臂所成弧形的延长线上。西洋古星图上画成两条鱼被绳系着，中部打了个结，有一颗星代表这个结。这颗星是本座唯一的一颗三等星，它也是颗双星，大的淡绿，小的蓝色。

体积很小而密度很大的恒星范 · 马南星就在本座，可惜亮度不足以让我们肉眼看到。摩羯座和双鱼座都是只包含微光小星的星座，但是摩羯是两千年前的冬至点（现在冬至点在人马座），双鱼是现在的春分点所在，所以是有名的古今天界。

天箭座即维纳斯的儿子丘比特，是个调皮的胖娃娃，他手拿小弓，身背箭袋，射出一支金箭，就是天箭座，位置在牛郎星和天鹅头之间，现在已经在西方天空了。

知识点

尼罗河

尼罗河是一条流经非洲东部与北部的河流，与中非地区的刚果河以及西非地区的尼日尔河并列非洲最大的三个河流系统。

尼罗河有两条主要的支流，白尼罗河和青尼罗河。发源于埃塞俄比亚高原的青尼罗河是尼罗河下游大多数水和营养的来源，而白尼罗河则是两条支流中最长的。

延伸阅读

双星常识

我们如果用望远镜观测星空，常常可以看到一些恒星两两成双靠在一起。当然，这其中很多只是透视的结果，实际上两颗星相距很远，只是都在一个视线方向上罢了。可是，天文学家发现，其中占不少比例，两颗星之间有力学上的联系，相互环绕转动。这样的两颗恒星，就称为双星。

组成双星的两颗恒星都称为双星的子星。其中较亮的一颗，称为主星；较暗的一颗，称为伴星。主星和伴星亮度有的相差不大，有的相差很大。

有许多双星，相互之间距离很近，即使用现代最大的望远镜，也不能把它们的两颗子星区分开。但是，天文学家用分光方法得到的光谱，可以发现它们是两颗恒星组成的。这样的双星，称为分光双星。于是，上面说的可以用望远镜把两颗子星分辨开来的双星，相应地就称为目视双星。

有的双星在相互绕转时，会发生类似日食的现象，从而使这类双星的亮度周期性地变化。这样的双星称为食双星或食变星。食双星一般都是分光双星。还有的双星，不但相互之间距离很近，而且有物质从一颗子星流向另一颗子星，这样的双星称为密近双星。有的密近双星，物质流动时会发出X射线，称为X射线双星。

在银河系中，双星的数量非常多，估计不少于单星。研究双星，不但对于了解恒星形成和演化过程的多样性有重要的意义，而且对于了解银河系的形成和演化，也是一个不可缺少的方面。

在浩瀚的银河系中，我们发现的半数以上的恒星都是双星体，它们之所以有时被误认为单个恒星，是因为构成双星的两颗恒星相距得太近了，它们绕共同的质量中心做圆形轨迹运动，以至于我们很难分辨它们，这其中包括著名的第一亮星天狼星。

冬季星空观测

冬季很冷，看星不是件容易的事。显然，夏秋看星的优越气候条件现在是不存在了。可是，你知道冬季的星象是一年中最灿烂的吗？不说别的，单就四季陆续出现的一等星来说，全天空共有21颗，北半球长江流域可见的有17颗（除南十字两星和马腹一、南门二）。单在冬季的东方和南方两角，就可以同夜出现10颗（包括老人和水委一），其中6颗可以排成巨大的六边形。

在没有月色的冬季晴夜，我们一走出户外。就会感到眼前出现了明亮而巨大的画幅，银河从东南斜向西北，做了这个大画幅的骨架，除了突出的一些大星以外，小星也闹得满天星斗。

真正爱好看星的人，是不能放过冬季的。

白羊座

我国古代人民把白羊座叫作娄宿，很重视它的三颗主要星，显然都因为古春分点在这里的缘故。它位置在双鱼座的北鱼和鲸鱼尾环之间，也可以由飞马、仙女大方框的北面两颗二等星引出一直线，向东延长约一倍半，就碰到主星娄宿三。

娄宿三亮度是2.2等，三角座主星亮度是3.5等，都是看魔星大陵五变光的辅助工具，分别代表了它的最亮期和最暗期的亮度。三角座的位置在娄宿三星以北。

南船三座

南船座是天空中最大的星座。它的位置全部在南方，珠江流域才能看到全座，但是只有船的一半，船后身和舵都没有。全座拥有肉眼可见星825颗，我们在一个时间内同时可见的只有3 000多颗，南船几乎占了十分之三。18世纪的时候，天文学家嫌它太大，把它细分成四座，现在又改成三座，就是船尾座、船帆座和船底座。南船座的名称已经不用了。

船底座主星专名老人星，是只次于天狼星的全天空第二亮星，－0.72等。天狼星虽然比老人星还亮，但是比老人星离我们近得多：天狼星离我们只有8.8光年，老人星离我们约98光年。天文学家测定老人星的实际发光能力比太阳强5 200倍。它名义上虽是个“南极老人”，实际上是个充满青春活力的“小伙子”。

老人星在我国也是一颗著名的星。南极仙翁、老寿星、南极老人，都是指它。纬度较高的地区，不易见到。北京同纬度地带已经看不见，长江流域可以在冬末春初的2～3月间晚上八九点钟前后，看到它在南方地平线上，但是每夜出现时间不长就沉落了。

老人星在西方的专名叫凯诺帕士，是“亚尔果号”大船的领航员，这颗星是纪念他的。

双子座

众神之王宙斯有一对双生子，后来都成了大英雄：一个叫卡斯托，他精于骑术；一个叫普勒克斯，他的拳术无敌于天下。弟兄俩十分友爱，西洋古星图上画他俩靠得很拢。

双子座在黄道上，紧接着金牛座，是黄道第三宫。双子座的两颗主星，第一星是卡斯托（我国专名北河二），第二星是普勒克斯（我国专名北河三）。这是日耳曼天文学家拜耳在17世纪初定下来的，那时候北河二跟北河三差不多亮，但是在四百年之后的现在看来，弟弟北河三仍是一等大星，哥哥的光却暗成了二等星。天文学家猜测北河二或许是周期长到几百年的变星。

北河二离我们43光年，是颗双星，用小望远镜就可以分辨出来。但是用仪器观测可以分析出是三对双星共六颗星的集合体。北河三离我们35光年，也是六颗星的集合体。

卡斯托（兄）脚尖三星尽头处，有一个疏散星团，编号M35，恰在黄道略北。无月晴夜肉眼也可以看到，仿佛一个模糊的光斑。在比较大的望远镜中看来，星团两旁有南北向两路小星，像两列纵队保护这个星团似的，很好看。它离我们2 800光年。

卡斯托的肩头一星附近，每年12月上半月有一个流星雨出现，12月11日最多。流星群中出现日期最可靠和出现数量比较多的有三群，依次是英仙雨、猎户雨和双子雨。

猎户座

猎户座雄视冬季星空，成了古往今来看星家最注目的壮丽星座，我国古代叫作参宿。在它附近不很大的一片天空里，集中了和猎户有关的一等大星五颗，占全部一等大星的四分之一，包括全天空最亮的天狼星。猎户本身除了两颗一等星外，还有五颗二等星；它的壮丽景象绝不是偶然的。走出向南的门，或者推开向南的窗，眼前就会被这个英勇的巨人耀得雪亮，只见他一手执盾，另一手高举大棒，腰带上挎一口宝刀，摆好姿势，来对抗迎面冲来的一头蛮横的红眼大金牛。

猎户座的形象

大猎人的名字叫奥赖翁，古希腊行吟诗人荷马把他赞作世界最壮美的男子。他是月神兼狩猎女神狄雅娜的情人；但是狄雅娜的哥哥太阳神阿波罗很不喜欢这个粗犷的猎人。有一天，当阿波罗和狄雅娜同在天空巡视的时候，阿波罗看到海中有人在游泳，只露出一个头在海面，在天空看下来像是海中的黑礁石。阿波罗看出这是奥赖翁，就故意夸奖了一番妹妹的箭法神奇，不愧为狩猎女神，要她发箭射这个海中礁石，作一次表演。狄雅娜上了当，一箭射死了自己的情人。

在另外一个神话传说中，奥赖翁是被神后赫拉差来的大蝎子刺了一下中毒死的。猎户跟天蝎结下了仇恨，所以神后赫拉不让天蝎碰见猎户，使它们永远“参商不相见”。

猎户座（参宿）呈长方形，对角辉耀着两颗一等大星。右肩的橙红星是参宿四，它是超等巨星之一，也是人类用自己的智慧设法量出直径的第一颗恒星。它的平均直径约是太阳的800倍，太阳和它的火星轨道含在这颗大星里面还有余。它离我们293光年。它的身体虽然庞大，平均密度却只有地球大气的千分之一，也是个虚胖子；发光能力只有太阳的2 800倍。

左脚巨星参宿七，光度比太阳强23 000倍，是全天空21颗一等星中实际光辉最强的星。你看它发出青白色的光，就知道它的热度有多高。它离我们800光年，直径只有参宿四的1/10不到。

猎户的宝刀里藏有一个宇宙秘密。这口宝刀我国古代叫作“伐”或“罚”。在腰带以下有三颗小星，中间这颗细看起来不像一颗看到的普通星。用大望远镜拍下来的照片上，我们才看出它原来是个星云，形状像云雾。猎户座星云，编号M42，离我们1 500光年，最亮处直径约6光年。它在银河系范围里面。这个星云密度很小。偌大一个星云，总质量不过相当于几十颗恒星罢了。

在出现期最可靠和出现数量比较多的三群流星雨中，猎户雨仅次于英仙雨。每年10月9日到29日是它的出现期，最盛期是10月19日的夜里。辐射点在猎户高举起的手和棒相接处。

金牛座

夏季的时候，以人马座为主的星团离我们都太远，看起来是一小点光斑，或者得用小望远镜来仔细看。冬季展出的星团都很近，毕星团、昴星团更是清清楚楚，肉眼可以鉴赏，用小望远镜看更好。只有积尸星团仍是一团白气，但是用小望远镜可以分辨出几十颗星来。这三个星团都是疏散星团。

而毕、昴二星团都在金牛座里（冬夜星图），毕组成牛面，昴构成两根牛角之一。这只金牛在希腊神话里，有的说是众神之王宙斯变的，为了把腓尼基国公主欧罗巴驮到现在的欧洲大陆，欧洲的名字就是根据她的名字取的；另一种说它是提秀斯斩杀的牛头人身怪物。

金牛座的主星是牛眼橘色大星毕宿五，亮度0.86等，距离我们68光年，光度比太阳强120倍，直径大45倍。

昴宿和毕宿之间是黄道，是日月五行星的必经之路。金牛座是黄道第二宫。

毕星团是离我们最近的星团，因为近，所以看来更散开，成拉丁字母的V字形。它离我们只有120光年，由大约一百颗星组成，正在向一个共同的方向移动。毕宿五并不属于这个星团，它离我们近得多，因为透视关系，看起来就好像也是这个星团的成员。

毕星团的全体形状再加上牛身中部一星，我国古代看成捕兔子的网，“毕”字的古义就是捕兔子的网。牛身中部（毕的柄）的这颗星我国古代专名毕宿八，是颗食变双星，周期是3天22时52分；星等变化不大，只从3.4等退到4.2等，又回复原状。

昴星团是肉眼能见的疏散星团，自古以来一直引人注意；我国三千年前古诗集《诗经》中有一句“嘒彼小星，唯参与昴”，把昴跟大星座参宿（即猎户座）相提并论。昴星团在我国的俗名是“七簇星”，在西洋的俗名是“七姊妹星团”。晴夜可以看见一簇小星聚在一起，闪烁得很厉害；都是些四五等以下的小星，只有一颗是三等。它有主要星九颗。按希腊神话，这九星刚好是肩天巨人亚特拉斯夫妇（昴宿七和昴宿增十二）和七个女儿。至于另一个传说中的七姐妹，是月神兼狩猎女神狄雅娜的侍女，由于猎人奥赖翁追逐她们，宙斯让她们化成七只鸽子逃去。

眼力比较好的人，加上晴夜无月，也可以从这个星团里看到七八颗小星，七姊妹的母亲（昴宿增十二）恰好在她丈夫亚特拉斯（昴宿七）旁边。一般却只能看到六颗，但是中国和西洋都传说它本有七颗星，后来失去一颗。这个传说是很广泛的，中国和欧洲以外，非洲、美洲、澳洲、南洋群岛等处的各民族中，都有相似的传说。古希腊传说，七姐妹升天后，有一个姐妹爱上了尘世凡人，勇敢地奔往人间。有人说：她是赛丽诺，就是昴宿增六，现在是颗七等星。

用大望远镜拍下的照片，显出这个区域有两千多颗星，但是只有约五百颗星被证明确实属于昴星团的成员，其余的星都是离它们更远或较近的，只是看来像在一处罢了。昴星团在星云包围中，它离我们410光年，是只次于“毕”的最近星团。

食变双星

有些双星由于两个子星的轨道运动而互相遮掩发生掩食效应引起系统光变叫食变双星。

食变双星的两个子星相距很近，当观测者的视线与双星运动的轨道面接近平行线时，会看到两个子星互相掩食，如同日、月食一样。

天狼星与古代文化

在古埃及，每当天狼星在黎明时从东方地平线升起时（这种现象在天文学上称为“偕日升”），正是一年一度尼罗河水泛滥的时候，尼罗河水的泛滥，灌溉了两岸大片良田，于是埃及人又开始了他们的耕种。而且他们发现，天狼星两次偕日升起的时间间隔不是埃及历年的365天而是365.25天。古埃及把黎明前天狼星自东方升起的那一天确定为岁首。可以说，我们现在使用的“公历”这种历法的前身，最早就是从古埃及诞生的。

天狼星在许多的文化上都有特别的意义，特别是代表狗。事实上，它是大犬座中最明亮的星，在口语上最常被称为“犬星”。它也是传统的猎户神话中的狗，古希腊人认为天狼星的光芒对狗有不良的影响，使它们反常的出现夏季热（“犬日”）：它们过度的喘气导致过分的干燥和置身疾病的危险中。在极端的例子中，口吐白沫的狗也许有狂犬病，可能导致被咬的人受到传染和死亡。古罗马人知道这些日子是三伏日并称这颗星是小犬。

古代的中国人将之与船尾座和大犬座结合想象成横跨在南天的一把大弓，在这种组合下，箭头正对着天狼星。相似的组合也出现在埃及丹德拉的哈索尔神庙壁画上。在后期的波斯文化中，这颗星被当成一支箭。沙特女神将她的箭画在牛头人身的女神哈索尔（天狼星）之上。

在更远处，许多北美洲的原住民也将天狼星与狗连结在一起，柴罗基族将天狼星和心宿二配成一对，作为灵魂之路两端的看守犬。内布拉斯加的波尼族有几种联想；狼族视它为“狼星”，而其他的部落认为是“郊狼星”。

春季星空观测

“参横斗转，狮子怒吼，银河回家，双角东守”；这就是春天的星象。

现在，参宿（猎户座）横于西天略为偏南，北斗由东北角逐渐转了上来。古人用“参横斗转”来形容更深夜静，其实那是在每年秋末（11月）的情形，到了春天，不是后半夜而是前半夜就有这样的星象。这时候西天还照耀着灿烂的残冬余辉，至少还有6颗一等以上大星在互争短长。

北天也是些我们已经熟识的星象。东天和南天是完全新的。其中狮子座独霸南天，正作出得意怒吼的姿态。牧夫座的零等橘色巨星大角，和室女座的一等蓝色大星角宿一各据东天一角。夏之女王、织女正在东北角露出她的秀丽光芒。

银河“回家”去了，现在的夜空中看不见它的一点儿踪影。

春天的来临，对于看星的人说来，跟所有希望着大地春回的人们一样，也是件喜事。我们将在春季结束四季星象的辨认，还要从后发座的星系团，悟到无限宇宙的构造，在对宇宙的认识上作出结论。

北　斗

我们在夏季可以看见北斗，现在春季还值得好好一看。北斗已经从北方地平线上升，高悬在北天的高空中，跟夏季相比，它又另成一番姿态。

在靠近北极星的几个星座中，北斗的斗形和仙后座的W（或M）形两个形象最显明。它们俩恰好隔着北极星遥遥相对，并且好像是把北极星做支点：北斗东北升，仙后西北降；北斗西北下，仙后东北上。

北斗不但是北天最受注目的星象之一，而且是个十分重要的标志。俗语说："满天星斗"，简直把斗代表所有的星了。我国古天文学家对北斗的重要性，认识得最透彻。汉朝的司马迁在他的伟大著作《史记·天官书》中论北斗说："斗为帝车，运于中央，临制四乡；分阴阳，建四时，均五行，移节度，定诸纪，皆系于斗。"他把北斗看成了全天日月、五行星、星辰和四时运行的总指挥。

北斗是这样重要的北方星象，我国古来除把这七颗星每颗都给了专名外，还把这七颗星分成两部分，又各给专名：斗身四星叫"魁"，斗柄三星叫"杓"。魁是我国古代传说中的"文曲星"，是个主管文学的神。

顺着杓的弯曲形势延伸出去，可以画成一条大弧线（参看春季星图的北天部分），沿途经过牧夫座主星大角，直达室女座主星角宿一。此外夏季的南斗对角二星连一直线，延长可达杓上的玉衡；北斗魁的天权、天玑二星各出一直线，通过天枢、天璇二星旁边，延长出去就落在猎户（参宿）的两肩上。这个星象形势，我国很早就有人注意到了，在司马迁的《天官书》上就有记载。

斗柄所指的方向四季不同，刚好一季指一个方向，司马迁说北斗"建四时"，就是这个意思。古书《鹖冠子》的"环流"篇里更说得具体："斗柄东指，天下皆春；斗柄南指，天下皆夏；斗柄西指，天下皆秋；斗柄北指，天下皆冬。"

北斗这种稳定的运动规律，启发人们深刻思考。我们看见了地球在做自转和公转的运动，那运动是这样的坚定，多少年来始终不倦怠，并且以后还将长久地运行下去。所以我国古书《易经》里就有"天行健，君子自强不息"的话。

北斗中最惹人注目的就是北极星。在北半球，全天星象以北极星做中心，从各星座看来，都绕着它运行。所谓北极是指天球北极，也就是地球运转轴北端所指的天球上的一点，这一点上恰好有颗星，即北极星。运转轴和极都不动，所以我们看北极星也不动。我们由北斗的天璇、天枢两颗指极星所引伸的直线认识了北极星之后，就可以利用它的“不动”而辨别方向了。

上面说的北极星“不动”，是因为它很靠近现在的极点上，所以看来它夜夜被众星所拱，就是众星都绕着它转圈。但是极点是要很缓慢地移动的，因此现在的北极星只能维持一个相当时期（这个时期当然很长），以后极点就要离开它。这一现象叫作“岁差”。

大熊座和小熊座

在现代的国际通用星座中，北斗七星包含在一个庞大的星座里，那就是大熊座；而北极星包含在小熊座中，算是小熊的尾巴尖。

大小熊是母子关系。月神兼狩猎女神狄雅娜的侍女中，有美丽的加莉斯多，她被众神之王宙斯所爱，生下了儿子亚尔卡斯（希腊语的意思是熊）。神后赫拉怪罪加莉斯多，就把她变成了熊。

英勇的少年亚尔卡斯长大了。一天，他在林中狩猎，被加莉斯多看见了。她忘了自己已是熊身，张手前去，想拥抱亲爱的孩子。亚尔卡斯却举起了标枪。这时候，宙斯在天上看见了，就把母子摄引上天，成了大熊座、小熊座。赫拉看到这对熊被弄上了天，很不高兴，就恳求养父海神奥兴纳斯的帮助。海神命令禁止大小熊下海喝水。于是母子俩只好永远绕着北极，不能下到海里（地平线以下）去，彷徨没有归宿。从希腊的地理纬度上看是这样的。

熊只有很短的尾巴，但是西洋古星图上把两只熊的尾巴都画成很长，使大熊变得像条狗，长尾巴就是北斗柄，小熊变得像一头狐狸，尾尖是北极星。但是本书所附星图上的大熊形象却把北斗做了大熊的头部。

小熊的形状实际是一柄小斗，星图上就保存着这个自然形状，这个星座实在也不容易另搭成熊像。

大熊座虽然全年在地平线以上，但是要看全座，最好是在春季，这时候它悬在北天高空中。

牧夫座和猎犬座

牧夫和两只猎犬，守卫在大熊旁边。牧夫大敌当前，却很悠闲地坐着抽烟，烟气直冲大熊鼻孔，或许会使它打喷嚏呢（见春季星图北天部分）。

大角是牧夫座主星，是一颗 -0.06 等的橘红色大星，正在由斗柄弯指角宿一（室女座主星）的途中，成了整个大弧线上的一点。这颗星西洋专名叫作“亚克多罗斯”，意思是“熊的卫护者”。原来也有一个传说，把它看做是加莉斯多的儿子，在卫护他的母亲。大角离我们36光年，直径比太阳大27~30倍。它在初升或即将下降的时候颜色特别红。

猎犬座只有两颗主要星，亮度分别是三等和四等，就在大熊的咽喉下面，我国古代专名常陈一和常陈四。要找它，可以由斗魁的天枢引出一直线，通过天玑延长约二倍，就可找到。

在大角和猎犬座主星常陈一中间，无月晴夜可用肉眼看到一个球状星团，编号M3，离我们约四万光年。用小望远镜看起来成圆形的一块白云，中心比较亮。

有一个著名的河外星系M51，在猎犬座北面，接近斗柄端摇光星处，离我们一千四百多万光年，是离我们较近的河外星系之一。它成旋涡状，和仙女座星系一样，涡外还有一个伴系。这个形状显示它是在旋转的，并再次证明：宇宙万物无不在运动。

《史记》

《史记》是由司马迁撰写的中国第一部纪传体通史。记载了上自上古传说中的黄帝时代，下至汉武帝元狩元年间共3 000多年的历史。

《史记》最初没有固定书名，或称“太史公书”，或称“太史公传”，也省称“太史公”。“史记”本是古代史书通称，从三国时期开始，“史记”由史书的通称逐渐成为“太史公书”的专称。《史记》与后来的《汉书》（班固）《后汉书》（范晔、司马彪）《三国志》（陈寿）合称“前四史”。

北斗七星图形永远不变吗

古人把北斗七星作为一种永恒的神圣的象征，难道北斗七星组成的图形永远不变吗？它永远是找北极星的“工具”吗？

当然不是这样。宇宙间一切物体都处在运动变化之中，恒星也不例外。既然恒星也在运动，那么，北斗七星组成的图形当然也在不停地变化。

实际上，这7颗恒星距离地球的远近不同，在60光年~200光年之间，它们各自运行的方向和速度也不尽相同，7颗星大致朝两个方向运行，摇光和天枢朝一个方向，其他5颗基本朝一个方向。

根据它们运行的速度和方向，天文学家们已经算出，它们在10万年前组成的图形和10万年后形成的图形，都与今日的图形大不一样。10万年以后，我们可能就看不到这种柄勺形状了。

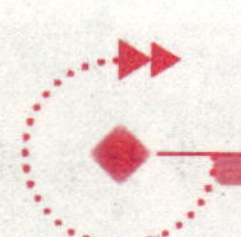

科技模型制作必知

科技模型制作活动对青少年是非常有益的，该活动不仅要完成制作和试验，而且要不断改进模型，不断提高性能和成绩，竞赛和创新始终贯穿于活动之中。这样就会使参加者具有竞争意识和奋力向上的精神。

同时，通过科技模型活动，青少年可以学到飞行原理、空气动力学、航海等有关知识，更重要的是它能提高青少年对实际问题的钻研思考和动手操作能力，比如说初步看懂和绘制三视图，通过三视图构想出实物的立体形状，识别许多材料，了解它们的特性，学会使用许多工具和仪器，掌握一些加工工艺等。

制作科技模型是广大青少年朋友最喜欢进行的科技活动之一。但是，真正自己动手制作科技模型的朋友又非常少，这其中的原因就是大家把制作那些精致的科技模型看得太神奇了，不适合每一个人来做。其实，制作科技模型并没有想象中那么难。

科技模型制作工具

制作科技模型需要用到的工具很多，纸工、缝纫工、木工、竹工、泥工、钳工、金工、油漆工、电工等工种的常用工具都要用到。对于省（市）少年宫、科技站、科技活动中心等单位的航海模型活动室，应该设置比较完备的工具。但对于一般中小学航海模型小组，只要先置备尺、刀、锉、锯、钳、钻、剪、刨、锤、镊、工作板等工具就可以开展活动。

尺子、刀子和剪子

尺子：常用的尺子有钢板尺、三角尺、直角尺、钢卷尺、卡尺、两脚规、曲线板等，其中用得最多的是钢板尺，测量、刻画、绘图、放样等都离不开它。最好能配备 100 厘米、30 厘米、15 厘米三种规格的钢板尺。

刀子：常用的刀子有刀片、刻刀、勒刀、手术刀等。

刻刀可以用废钢锯条自制。制作的方法是：

找一条折断的钢锯条，先在砂轮上磨去锯齿，再把一头磨成斜形刀口。磨刀口的时候要一边磨一边加水冷却，不使锯条过热，否则容易退火变软。用这种自制的刻刀刻薄板或窗口非常合适。如果有较宽的废锯条，还可以自制较大的刻刀。用自制的较大的刻刀可以切削船首木块、刻画航空层板和刻制肋骨。

用同样方法还可以用废钢条制成钩刀。用这种钩刀切割有机玻璃是很方便的：用钢板尺压紧有机玻璃板，钩刀紧靠钢板尺反复拉几次，就能把有机玻璃板拉断。钩刀也可以加工铁皮或铜皮的折角：用钢板尺压紧铁皮或铜皮，钩刀紧靠钢板尺在铁皮或铜皮上拉出一道浅槽，然后沿浅槽折角就可以了。

剪子：常用的剪子有普通剪子和铁皮剪子。普通剪子用来剪纸剪布等，铁皮剪子用来剪金属片。

锤子、钳子和镊子

锤子：常用的锤子有普通锤、羊角锤、木锤等。木锤是用来敲打铁皮、铜皮的。

钳子：常用的钳子有平口钳、尖嘴钳、弯嘴钳等。加工各种小零件，如绞盘、桅杆、武器装备以及船舵、螺旋桨等，都离不开小钳子。

台钳：最好备有大小台钳。大台钳用来弯制钢丝、金属片，或夹持大零件加工；小台钳用来夹持小零件整形加工。

镊子：在粘贴、焊接、安装的时候，可以用镊子夹持小零件。

锉刀、锯子、刨子和钻子

锉刀：为了使零件表面光洁并具有所需要的尺寸和形状，常用锉刀加工。锉刀的种类很多，按齿的粗细分成粗齿锉、中齿锉、细齿锉。按形状分成板锉、方锉、三角锉、半圆锉、圆锉等。

锯子：常用的锯子有弓锯、木工锯和钢锯，弓锯又叫作钢丝锯，用来加工曲线形木构件，如肋骨板、船首等。木工锯用来锯割木板或木块。钢锯用来锯割有机玻璃和金属。

刨子：常用的刨子有长刨和短刨。这是刨削木板必不可少的工具。最好能自制出火柴盒大小的小型刨，以便对蒙好的船壳板进行加工整形。

钻子：常用的钻子有手摇钻、木钻、手电钻和台钻。这是钻孔不可缺少的工具。另外要配备一些不同直径的钻头。

其他工具

电烙铁：常用的电烙铁有200瓦、100瓦、75瓦、20瓦（内热式）。瓦数小的用来焊接小零件，瓦数大的用来焊接大零件。

上漆工具：包括木砂纸、水砂纸、油灰刀、底纹笔、各种漆刷、喷漆壶、压力泵等。

工作板：制图和制作船身都要在工作板上进行。

此外，还要置备一些平凿、圆凿、螺丝刀、油石、磨石、千分尺、画线盘等。

曲线板

曲线板，也称云形尺，绘图工具之一，是一种内外均为曲线边缘（常呈旋涡形）的薄板，用来绘制曲率半径不同的非圆自由曲线。

曲线板一般采用木料、胶木或赛璐珞制成，大小不一，常无正反面之分，多用于服装设计、美术漫画等领域，也少量的用于工程制图。

延伸阅读

航空模型分类和发展

现代航空模型运动分为自由飞行、线操纵、无线电遥控、仿真和电动等五大类。按动力方式又分为：活塞发动机、喷气发动机、橡筋动力模型飞机和无动力的模型滑翔机等。航空模型的最大升力面积500平方分米；最大重量25千克；活塞发动机最大工作容积250毫升。

航空模型的竞赛科目有：留空时间、飞行速度、飞行距离、特技、“空战”等。目前世界锦标赛设有30个项目，隔一年举行一次。航空模型还设有专门记录各项绝对成绩的纪录项目。

我国航空模型运动起步于20世纪40年代，1947年举行首届全国比赛。新中国成立后，于50年代建立了组织指导机构，培养了一批技术骨干，群众性的航空模型运动得到蓬勃发展，运动水平迅速提高。1978年10月，我国加入了国际航空联合会（FAI），1979年开始步入世界赛场。至1998年止，我国选手就已获得19项世界冠军；58人59次打破31项世界纪录。

航空模型运动的生命力在于它的趣味性和知识性。亲手制作的航模翱翔蓝天、驰骋水面，往往会使青少年产生美好的遐想，激励他们不停地追求。参加这项活动还可以学到许多科技知识，培养既善于动脑又善于动手和克服困难勇于进取的优秀品质，促进德、智、体全面发展。

科技模型制作材料

制作科技模型所用的材料相当广泛，有纸、吹塑纸、木材、塑料、有机玻璃、金属和其他材料。不同材料有不同的加工方法，掌握正确的加工方法是十分重要的。

纸质类材料

制作科技模型常用的纸质类材料有彩色蜡光纸、彩色卡纸、图画纸、书面纸、涂塑卡纸、马粪纸、厚卡纸、彩色广告纸、包装纸等，纸质类材料可以用来制作外观模型和自航模型的上层建筑。

用纸制作模型，要选择质硬平挺的纸张。如果没有硬纸，可以用2～3层较软的纸对粘起来，压在玻璃板下面，等干透后再使用。不要用褶皱的纸做模型，否则会影响美观。

在放样、刻画、粘接等过程中都要注意保持纸面清洁。放样时铅笔线要画在纸的反面，笔迹要轻淡。

刻制纸质材料，刀尖要锋利，在纸的下面最好垫一块硬橡胶，这样既能保持刀锋，又能使刻线整齐。如果没有硬橡胶，垫一块三合板也可以。刻制的时候，用钢板尺压住需要的部分，自左到右仔细刻画。如果一刀刻不断，尺子不要移动，再刻第二刀、第三刀，直到刻断为止。没有刻断不要用手去撕，否则刀缝处会产生毛边。

粘接纸质材料可以采用两种方法。一种方法是在结合处留一条粘接的边。在虚线上用刀轻轻刻上一道，然后折角粘接。另一种是在结合处里面加木条，这样既牢固又无缝隙。粘接纸质材料可以用白胶水，白胶水要涂抹得少而均匀，使胶干后不留痕迹。

用纸质材料制作上层建筑，最好根据模型的颜色选用彩色卡纸，这样可以省去上色工序。如果必须上色的话，可以用广告色或者用喷漆，但不要用磁漆。如果采用喷漆，要喷得很薄，免得漆料流淌，等喷漆干后再喷第二遍。也可以在加工之前先在纸上喷好漆，等干后再进行刻制。

吹塑纸

吹塑纸可以制作外观模型和自航模型的上层建筑。吹塑纸有正反面，放样和刀刻要在正面进行。放样时铅笔要削尖，画道要浅。除了刻去的部分外，不要在吹塑纸上留下铅笔痕迹，否则不容易擦掉。

刻画吹塑纸最好使用锋利的手术刀。如果没有手术刀，也可以把双面刀片掰成小片，绑在竹片上做刻刀。刻制的时候，吹塑纸下面要垫一块平整的木板或者一张卡纸，纸板不平容易把吹塑纸拉裂。

吹塑纸要用白胶水粘接，不能用快干胶粘接，因为快干胶里有丙酮，丙酮能溶解吹塑纸。吹塑纸的结合处可以用木条加固。

吹塑纸不能上漆，特别是不能用喷漆。所以要根据模型的颜色选用吹塑纸。由于吹塑纸浅色的较多，深色的不多，可以同深色的彩色卡纸配合使用。

吹塑纸

吹塑纸有弹性，很难弯折，但它容易加热成型。用吹塑纸制作弧形或圆形零件的时候，可以用盛有热开水的玻璃杯外壁把它加热后弯制成需要的形状。

木质类材料

制作科技模型常用的木质和塑料类材料有松木、桐木、三合板、五合板、航空层板等。它们是制作舰船模型的主要材料。木料要选择质较软、节疤较少、没有裂缝的。如果木料潮湿，要晾干。

松木条，可以用来制作舰船模型中的龙骨、龙筋，它的长短粗细要由船体的大小决定。松木片用来制作船壳板，厚度一般选 1 ~2 毫米的，较大的船体可以选到 3 毫米的。松木片过厚，不容易弯曲，包不出船体的线型，松木片还是制作上层建筑的重要材料。切割木片的时候，先要切断横断面，然后再顺着木纹方向切割。左手要压紧钢板尺，右手拿刀切割，防止刀子跟着木纹走。

用松木条制作炮管、鱼雷发射管、吊货杆等圆柱形零件，要选比零件直径稍粗一些的。先用刀子把木条的棱角仔细削去，然后把木条的一头夹在手摇钻上，右手摇手摇钻，左手用粗砂纸夹住木条，前后均匀地移动，就能把木条打磨成圆柱形，再用细砂纸磨光。

桐木片和桐木条质地轻而脆，不够牢固，只适宜制作帆船、竞速艇等重量较轻的模型，并且需要用别的材料加固。另外，在制作飞机模型的时候也需要用到桐木片。

三合板和五合板常用弓锯锯割，锯割的时候锯齿要朝下。弓锯用毕要放

三合板

松锯条，这样能避免锯条崩断，并使竹弓保持良好弹性。

木质零件制作好后再打磨和填料比较麻烦，可以在制作零件之前，先用零号木砂纸把木片、木条打磨光，刷上一层虫胶漆或清喷漆后，再用水砂纸打磨。然后用这些木片和木条制作零件。这样制得的零件，除接缝处稍加填料外，其他地方不用砂纸修整，可以直接上漆。

航空层板质地坚硬，用来制作舰船模型中的上层建筑和甲板最适宜。这种材料可以用钢锯或弓锯切割。如果制作较小的窗口，可以先用手摇钻在窗口四周钻孔，然后用什锦方锉和平锉把窗口锉好。

有机玻璃类材料

有机玻璃比其他材材平整光滑，又容易加工，平时注意收集一些有机玻璃的边角料，用来制作舰船模型中的导弹发射器、起锚绞盘、桅杆、小型烟囱等零件是很好的。

薄的有机玻璃可以用钢刀切割。较厚的有机玻璃可以用纲锯锯割。锯割有机玻璃要夹在台钳上进行，注意在有机玻璃的上下两表面上衬上卡纸或木片，以免夹出齿痕。

锯割后的有机玻璃切口，先用钢锉整形，再用砂纸磨光，然后用牙膏或绿油抛光。抛光的方法是用涂有牙膏或绿油的布，反复磨擦有机玻璃表面，直到表面光亮为止。

粘接有机玻璃要用氯仿。由于氯仿容易流散渗透，用量要少而且要均匀，如果氯仿流散到有机玻璃表面，会破坏表面光洁度。粘接大块的有机玻璃，可以在结合处放入少许同颜色的有机玻璃粉末（可以用锯下来的粉末），氯仿很容易挥发，用后要盖好瓶盖。

金属类材料

制作科技模型常用的金属材料有铁皮、铜片、铜丝、钢丝、漆包线、大头针、小铁钉等。

大块的金属片可以用剪刀剪，但细长的金属片不能用剪刀剪，要用钩刀切割。因为用剪刀剪，剪口处会被拉长，剪得的金属片条会成弧形，很难拉直。金属片剪好或切好后，剪口或切口处总有一些毛边，可以把它放在平整的铁板上，用圆滑的铁棒或铁管在它上面反复滚压，直到金属片平整为止。

在金属片上制作窗口或气孔，可以先用手摇钻钻若干个孔，然后再用钢锉锉成。

制作弧形金属零件，可以把金属片铺在铁棒上，用木槌（不能用铁锤）轻轻敲打成型。

弯折金属片的时候，先用钩刀在金属片的背面折角处划出一道浅槽，然后用一把钢尺把金属片的一边压在桌子上，折角处正对桌子边，用另一把钢尺压住金属片的另一边，整体往下弯折，使弯得的折角清楚平整，注意不要来回弯折，以免把金属片折断。

焊接金属片的时候，要根据金属片的大小选用瓦数不同的电烙铁。烙铁头如果沾不上锡，可以用锉刀锉去烙铁头上的黑色氧化物，并且在烙铁头上镀上锡。

镀锡的方法是：烙铁头被锉亮后让电烙铁通上电，在放有松香和焊锡的砂纸上来回磨擦烙铁头，使烙铁头四面都镀上一层锡。用电烙铁焊接金属片之前，要把焊接部位刮干净，并且涂上氯化锌焊剂。焊接的时候，接缝要对准，烙铁头要在接缝处慢慢移动，接触的时间要长一些，让焊锡自然延伸流动。焊接完毕，要用水把氯化锌焊剂洗去，并且用布擦干，以防生锈。

其他材料

制作科技模型还用到麦秆、竹片、布片、墨鱼骨、牙刷柄、火柴盒等材料。墨鱼骨质地轻软，容易加工，喷漆后很美观，可以同卡纸、木片、竹片混合使用。塑料牙刷柄是容易找到的材料，它们的颜色各异，便于加工，是制作小零件的好材料。

知识点

有机玻璃

有机玻璃的化学名称叫聚甲基丙烯酸甲酯，是由甲基丙烯酸酯聚合成的高分子化合物。

有机玻璃应用广泛，不仅在商业、轻工、建筑、化工等方面，而且在有机玻璃制作、广告装潢、沙盘模型上应用十分广泛，如：标牌、广告牌、灯箱的面板和中英文字母面板。选材要取决于造型设计，什么样的造型，用什么样的有机玻璃、色彩、品种都要反复测试，使之达到最佳效果。有了好的造型设计，还要靠精心的加工制作，才能成为一件优美的工艺品。

延伸阅读

焊接工艺的发展历史

焊接技术是随着铜铁等金属的冶炼生产、各种热源的应用而出现的。古代的焊接方法主要是铸焊、钎焊、锻焊、铆焊。中国商朝制造的铁刃铜钺，就是铁与铜的铸焊件，其表面铜与铁的熔合线婉蜒曲折，接合良好。

春秋战国时期曾侯乙墓中的建鼓铜座上有许多盘龙，是分段钎焊连接而成的。经分析，所用的与现代软钎料成分相近。战国时期制造的刀剑，刀刃为钢，刀背为熟铁，一般是经过加热锻焊而成的。据明朝宋应星所著《天工开物》一书记载：中国古代将铜和铁一起入炉加热，经锻打制造刀、斧；用黄泥或筛细的陈久壁土撒在接口上，分段锻焊大型船锚。中世纪，在叙利亚大马士革也曾用锻焊制造兵器。

古代焊接技术长期停留在铸焊、锻焊、钎焊和铆焊的水平上，使用的热源都是炉火，温度低、能量不集中，无法用于大截面、长焊缝工件的焊接，

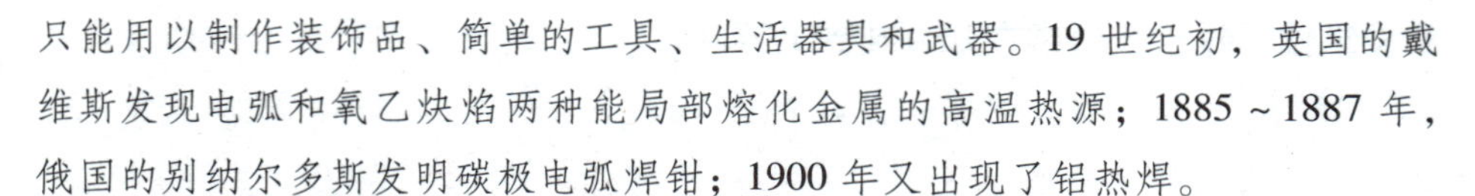

只能用以制作装饰品、简单的工具、生活器具和武器。19 世纪初，英国的戴维斯发现电弧和氧乙炔焰两种能局部熔化金属的高温热源；1885 ~ 1887 年，俄国的别纳尔多斯发明碳极电弧焊钳；1900 年又出现了铝热焊。

20 世纪初，碳极电弧焊和气焊得到应用，同时还出现了薄药皮焊条电弧焊，电弧比较稳定，焊接熔池受到熔渣保护，焊接质量得到提高，使手工电弧焊进入实用阶段，电弧焊从 20 年代起成为一种重要的焊接方法。也成为现代焊接工艺的发展开端。在此期间，美国的诺布尔利用电弧电压控制焊条送给速度，制成自动电弧焊机，从而成为焊接机械化、自动化的开端。1930 年美国的罗宾诺夫发明使用焊丝和焊剂的埋弧焊，焊接机械化得到进一步发展。40 年代，为适应铝、镁合金和合金钢焊接的需要，钨极和熔化极惰性气体保护焊相继问世。

1951 年苏联的巴顿电焊研究所创造电渣焊，成为大厚度工件的高效焊接法。1953 年，苏联的柳巴夫斯基等人发明二氧化碳气体保护焊，促进了气体保护电弧焊的应用和发展。1957 年美国的盖奇发明等离子弧焊；德国和法国发明的电子束焊，也在 50 年代得到实用和进一步发展；60 年代激光焊等离子、电子束和激光焊接方法的出现，标志着高能量密度熔焊的新发展，大大改善了材料的焊接性，使许多难以用其他方法焊接的材料和结构得以焊接。

侧影船模型制作要点

侧影船模型是显示舰船侧面形象的平面模型。它以侧视图为依据，用简单的线条来表现舰船的种类、形状、主要设施和武器装备。侧影模型取材广泛，制作容易，适合初学制作科技模型的青少年朋友制作。

制作侧影模型可以普及舰船知识，初步培养动手能力。

用麦秆制作科学调查船侧影模型

科学调查船是用来做海洋物理、海洋化学、海洋地质、海洋生物、海洋气象以及卫星跟踪等方面的科学研究的专门船舶。它上面设有很多实验室和控制室，安装着大量的科学仪器。这类船舶要求具有优良的适航性、稳定性和操纵性，排水量通常在几百吨到上万吨。

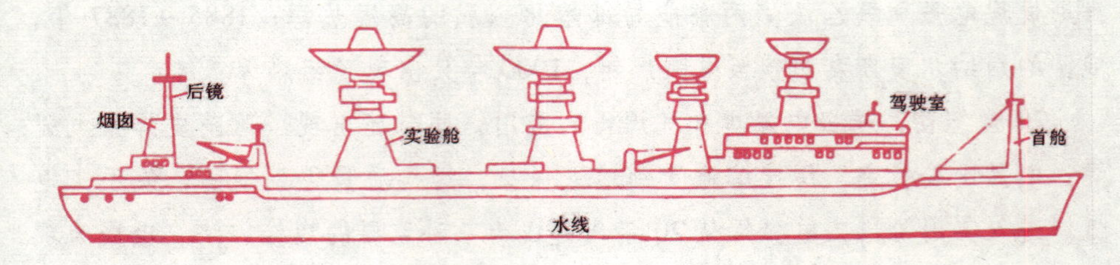

科学调查船的侧面图

用麦秆做侧影模型要选择干燥平直的麦秆，去掉节头，用小刀剖开，展宽压平备用。

制作的时候，选一张黑色的厚纸做底板，用铅笔把科学调查船四周轮廓轻轻画在底板上。先取一根麦秆铺在水线位置上，照图的长短剪去两端多余部分，用胶水粘好。然后用同样的办法，一根一根地从上到下把麦秆粘在底板上，直到整个船形都粘上麦秆为止。

这种模型虽然没有表现出船舶的内部结构，但是科学调查船的白色侧影呈现在黑色的背景上，却能产生一定的艺术效果。

用麦秆制作导弹驱逐舰侧影模型

驱逐舰是以火炮、鱼雷和反潜武器为主要装备的中型军舰。排水量 2 000 ~5 000 吨，航速 30 ~ 38 海里/小时。装有口径 100 ~ 130 毫米的主炮 4 ~6 门，口径 20 ~ 75 毫米的辅炮 8 ~ 12 门，鱼雷发射管 4 ~ 12 个，还装有搜索潜艇用的器材和深水炸弹。它的主要任务是攻击敌方舰船，担任大型军舰和运输船的护航和警戒。

导弹驱逐舰是以导弹为主要武器的驱逐舰。排水量 3 000 ~9 000 吨，备有舰对舰、舰对空导弹和反潜导弹，主要任务是在中、远海洋上消灭敌舰船，担任舰艇编队和运输船队的护航、警戒。

用麦秆制作导弹驱逐舰侧影模型的方法和制作科学调查船基本相同。中间的雷达架和雷达网可以用麦秆细条照图粘贴，这样，武器设备的中空部分就能显示出来。

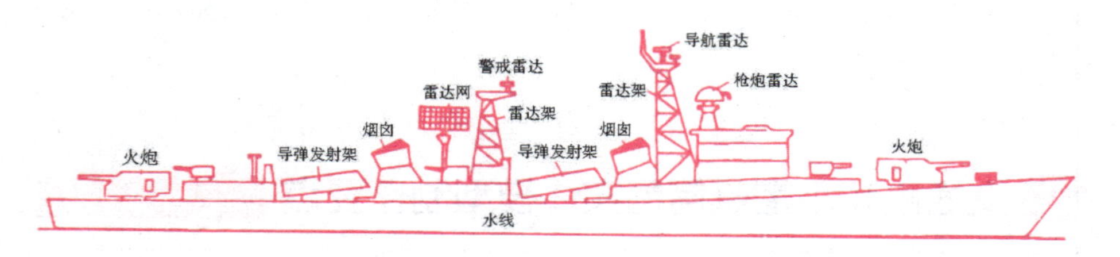

导弹驱逐舰的侧面图

知识点

排水量

船舶或物体自由浮于水中且保持静态平衡时所排开水的重量。排水量通常用吨位来表示，所谓排水量吨位是船舶在水中所排开水的吨数，也是船舶自身质量的吨数。

排水量可分为轻载排水量、标准排水量、正常排水量、满载排水量、超载排水量。

延伸阅读

舰艇小常识

舰艇俗称军舰，又称海军舰艇。是指有武器装备，能在海洋执行作战任务的海军船只，是海军的主要装备。战斗舰艇依其使命有航空母舰、战列舰、巡洋舰、驱逐舰、护卫舰（艇）、布雷舰（艇）、扫雷舰（艇）、登陆舰（艇）、潜艇、导弹艇、炮艇和鱼雷艇、猎潜（舰艇）等。

辅助战斗舰艇。依其使命分为修理舰船、运输舰船、补给舰船、测量船、打捞救生船、医院船、拖船等。

在同种舰艇中，根据其排水量和主要武器装备的不同又可以划分为不同的级别。战斗舰艇中，根据习惯，一般把排水量为500吨以上的水面舰只称为舰，而把排水量为500吨以下的水面舰只称为艇。潜艇无论吨位大小均称为艇。

交通艇和小炮艇简易实体模型制作要点

简易实体模型是用简单的几何形体显示舰船外观和主要结构的立体模型。通过制作简易实体模型，可以学会从侧视图和俯视图想象出舰船模型的立体形象，还可以学到不同材料的加工方法，为制作较复杂的舰船模型打下基础。

简易实体模型取材广泛，如火柴盒、卡纸、墨鱼骨、小木板、牙刷柄等都是制作简易实体模型的好材料。简易实体模型的大小可以根据手头现成材料的大小来定，只要按照图纸选取合适的比例加以放大或缩小就可以了。

用火柴盒制作交通艇简易实体模型

交通艇是用于海上联络的小型船只。交通艇简易实体模型图纸所示的只有船体和船舱两个部分，省略了推进器、尾舵等细小部分。在图纸中除了绘出交通艇的侧视图和俯视图以外，还附有制作图和安装图。

制作交通艇简易实体模型需要用五六个火柴盒。制作的方法如下：

首先，制作船体。参考图交通艇简易实体模型图纸中的 e 部分，先用木砂纸轻轻地把火柴盒外面的包装纸打磨干净，注意保持火柴盒的棱角完整。

打磨后把三个火柴盒串摆在一起，用削尖的铅笔在它们上面画出船首曲线和船尾曲线。沿曲线剪去多余部分，但要保持火柴盒的侧壁。

然后把两个半火柴盒芯插入火柴盒内，把三个火柴盒粘接成一个整体。再把火柴盒侧壁向船首船尾围拢并粘接起来。为了粘接得牢固一些，要在粘接处的里面衬火柴棍。

胶干后，船体就制作好了。

然后，制作船舱。把打磨好的火柴盒拆开铺平，参考图交通艇简易实体模型图纸中的 d 部分和 f 部分，分别画出前舱和后舱的展开图。用剪刀把它们剪下来，照图交通艇简易实体模型图纸中的 c 部分粘接成船舱。同样要在粘接处的里面衬火柴棍加固。然后参考图交通艇简易实体模型图纸中的 a 部

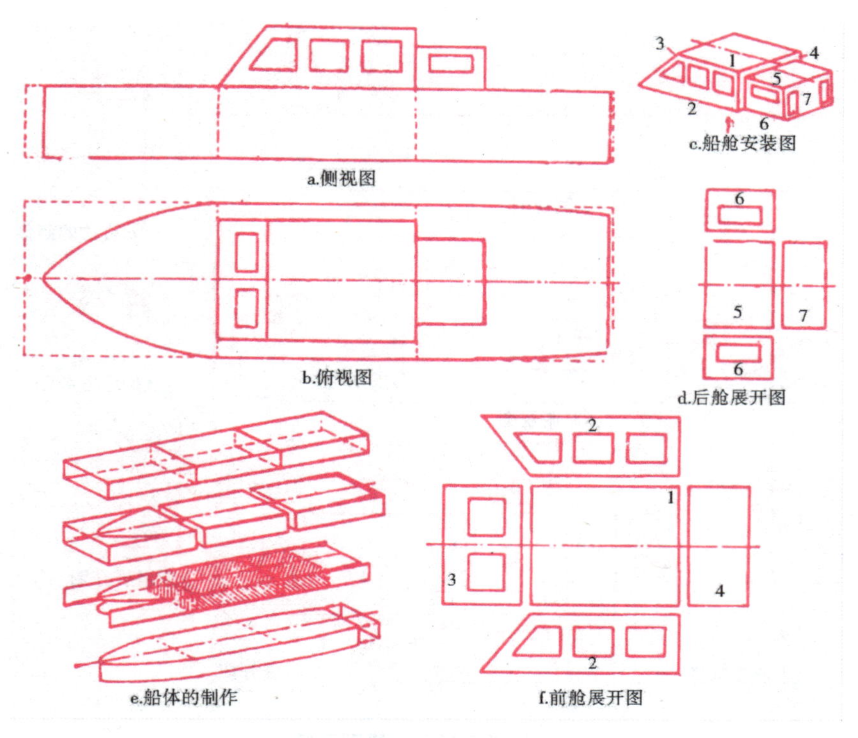

交通艇简易实体模型图纸

分和 b 部分，把船舱粘在船体上。

这样，一艘小巧的交通艇模型就制作完毕了。

用火柴盒制作小炮艇简易实体模型

小炮艇简易实体模型制作方法如下：

第一步，制作船体。

这艘模型船体的制作方法同交通艇模型完全一样。

第二步，制作船舱。把打磨好的火柴盒拆开铺平，参考图小炮艇简易实体模型图纸中的 d 部分，画出主舱的展开图。用剪刀把它们剪下来，照图小炮艇简易实体模型图纸中的 c 部分粘接成主舱，并把四扇门粘在展开图的斜线部位。

第三步，制作舰桥。参考图小炮艇简易实体模型图纸中的 d 部分，用厚约 8 毫米的松木板，锯成三块长方形板，用砂纸打磨光洁。再参考图小炮艇

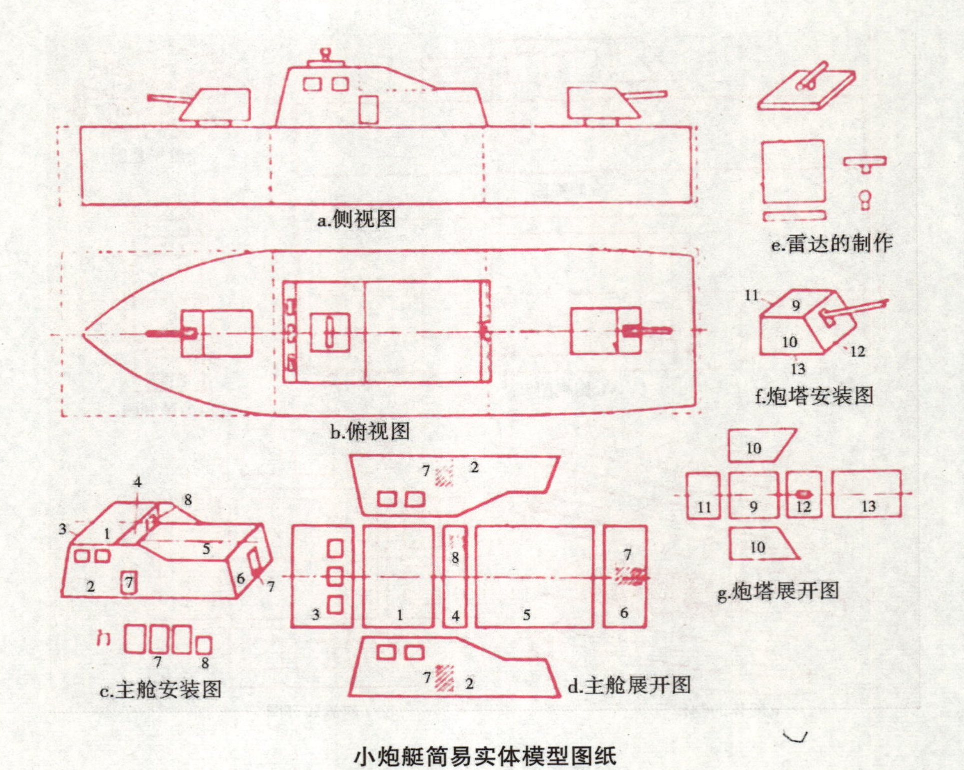

小炮艇简易实体模型图纸

简易实体模型图纸中的 e 部分把舰桥粘接起来，桅杆用圆形竹丝制作。在舰桥前部中央钻一个小孔，把桅杆插入小孔中。

第四步，制作火炮。参考图小炮艇简易实体模型图纸中的 f 部分，用两块长 15 毫米、宽 12 毫米、厚 8 毫米的松木板做火炮。削去一个斜面，在斜面上钻两个小孔，插入圆形竹丝做的炮管。炮座可以用直径约 7 毫米的圆木片或钮扣制作。

第五步，制作救生圈。用保险丝或铜丝在圆棒上弯成圆圈做救生圈。在它上面涂上红、白相间的油漆。

第六步，制作机关炮。用一段 12 毫米长的单股塑料导线，两头切去一段塑料皮，露出铜丝，再用一小段塑料套立着做支架。

第七步，上漆。除了救生圈外的所有构件，包括船体和舱面设施都涂上银灰色油漆。等油漆干透后，参考图小炮艇简易实体模型图纸中的 a 部分和 b 部分。把舰桥、鱼雷发射管、火炮、救生圈、机关炮等粘在甲板上。这样，小炮艇就制作完毕了。

尾　舵

尾舵是安装在轮船、潜艇或飞机上的一个小舵板，先由它控制较大的方向舵，从而控制船或飞机的航行方向。

在风车的尾部安装有尾舵，尾舵是块竖放的板，可以调节风轮的方位，使它对正风向，并且尾舵也具有刹车功能，具有保护风车的功能。

鱼雷艇的诞生和发展

鱼雷艇诞生于美国南北战争（1861～1865年）时的水雷艇。当时还没有鱼雷，水雷艇艏部突出一根长长的撑杆，撑着水雷向敌舰猛烈撞击，将敌舰炸毁。1864年，北军的水雷艇就用这种办法炸沉了南军的“阿尔比马尔号”装甲舰。

1866年，在奥匈帝国工作的英国工程师怀特黑德发明了世界上第一条能够自动航行的水雷。由于它能像鱼一样在水中运动，因而被称为鱼雷。后来制造了专门用来发射鱼雷的舰艇便是鱼雷艇。

世界上第一艘鱼雷艇是英国于1877年建造的“闪电号”，几乎与英国同时，俄国建造的“切什梅号”和“锡诺普号”水雷艇也可看作是最早的原型鱼雷艇。1887年1月13日，“切什梅号”和“锡诺普号”第一次用鱼雷击沉了土耳其海军的“国蒂巴赫号”通信船。

此后，欧洲各国海军都相继制造和装备了鱼雷艇，鱼雷艇的性能也不断得到改善。在第一、第二次世界大战中，鱼雷艇都取得了较大战果。在1918年6月10日，两艘意大利鱼雷艇用两发鱼雷就击沉了奥匈帝国的万吨级战列舰“森特·伊斯特万号”。在20世纪50和60年代，中国人民解放军海军鱼雷艇部队曾多次参加海战，取得了击沉国民党海军“太平号”护卫舰，“洞庭号”“水昌号”炮舰，“剑门号”“章江号”猎潜艇和多艘运输舰的战绩。

小帆船模型制作要点

帆船模型是一种风动力模型，它依靠风力的推动而向前行驶。一条帆船模型行驶的好坏，除了取决于船型、重量、帆型以及制作工艺等因素以外，还取决于对风向、风力变化的掌握。因此，要学会根据风向和风力的情况，对帆船模型进行适当的调整，使它在航行的时候航向准、航速快。

这里介绍一艘小帆船模型。这艘模型结构简单，取材方便，容易掌握，适合初学者制作。

船身的制作

制作小帆船可以先制作稳向板和龙骨。参照小帆船模型图纸，我们可以知道这艘小帆船全长392毫米，稳向板和龙骨是连成一体的。制作的时候，先把图中a的图纸放大，变成1∶1图纸。然后把稳向板和龙骨复写在三合板上，用弓锯和木锉加工成型。在肋骨线位置上，各开一个宽3毫米的槽口，深度是每块肋骨中心线长度的一半。在紧靠1号肋骨槽口处，再开一个宽3毫米的槽口，深度是1号肋骨中心线的$\frac{2}{3}$，用来安装舵轴套管。

稳向板和龙骨制好以后，再制作肋骨。参照小帆船模型图纸，先把a的肋骨图放大1倍，变成1∶1图纸，然后复写在三合板上，用弓锯和木锉加工成型。在龙骨处，各开一个宽3毫米的槽口，深度是每块肋骨中心线长度的一半。在每块肋骨的四个角，各开一个宽3毫米、深3毫米的缺口，用来安装龙筋。在3、4、5号肋骨上紧靠甲板中心线两边，各开一个宽7毫米、深5毫米的缺口，用来安装桅杆底座的加强条。肋骨制成后，分别插入龙骨上的肋骨槽内，检查每个槽口是否吻合。

以上步骤完成以后，就可以安装船身骨架了。在平整的工作板上，根据1∶1图纸画出中心线和各块肋骨的位置线。在龙骨和肋骨的槽口中涂上胶水，

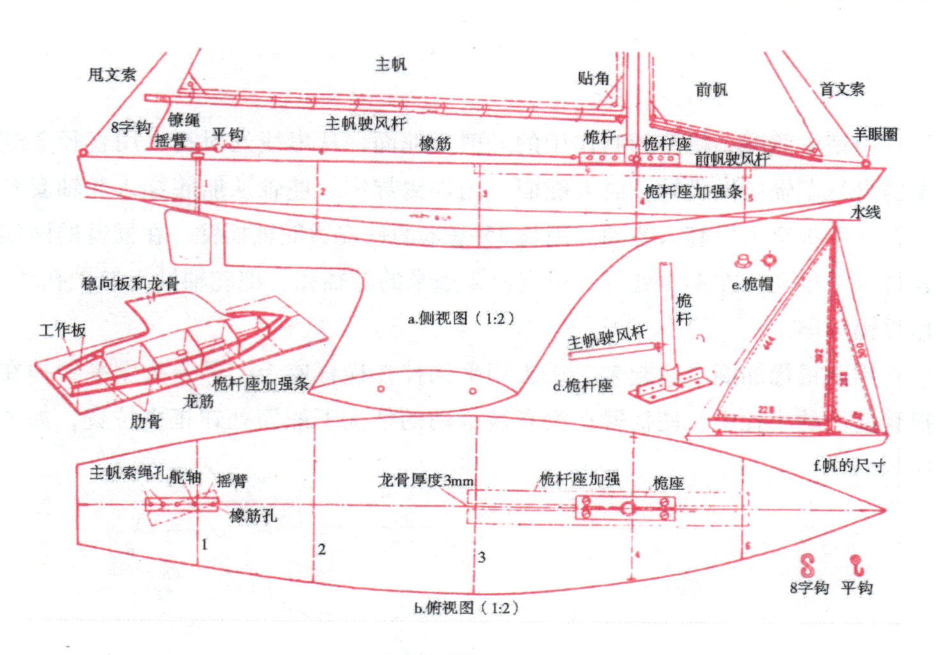

小帆船模型图纸

互相插好，并且粘上两条桅杆座加强条。在胶水还未干的时候，把船身骨架朝下放在工作板上，调整龙骨和肋骨的位置，使它们的位置正好同工作板上画的线条重合，然后用大头针暂时固定。等胶水干后，把四根龙筋安装在肋骨的龙筋缺口上。在船首处，两边龙筋的端头要用小刀切成斜口，用胶水粘在船头龙骨的两边。

接下来，我们来蒙船壳板。用厚 1 毫米的松木片做船壳板。先蒙船底，再蒙船弦。等胶水干透后在船底紧靠 1 号肋骨中心线处，打一个直径 3 毫米的孔，用来安装舵轴套管。

制作船身的最后一步是制作甲板。用厚 1 毫米的松木片做甲板。根据1:1图纸，在松木片上画出甲板边线，在切割的时候，四周要留出 1 ~2 毫米的加工余量。在舵轴套管的位置上打一个 3 毫米的孔。然后用胶水把甲板粘在船身上，找一段圆珠笔芯做舵轴套管，从船底孔中插入，直穿出甲板，并用胶水粘牢。等胶水干透后，用刀子把伸出的舵轴套管两头削平，再把整个船身打磨光洁，然后嵌缝上漆。颜色可以自由选择，一般选用白漆漆几遍。

舵的制作

用铁皮照图小帆船的制作中的 c 剪成舵面，从虚线处对折。用直径 2 毫米的自行车辐条做舵轴，放人舵面中用焊锡焊牢。舵轴从船底穿入舵轴套管里，从甲板穿出后套入垫圈。用长 35 毫米的铁皮做舵轴摇臂，在摇臂的两端各打一个小孔，在 1/4 处打一个直径 2 毫米的舵轴孔。把舵轴插入舵轴孔中，用焊锡焊牢。

用两根橡筋圈串联起来，一头用平钩挂在桅杆座上，另一头用平钩挂在摇臂前面的小孔中，使摇臂在没有被牵动的情况下舵面处在正中位置，如图所示。

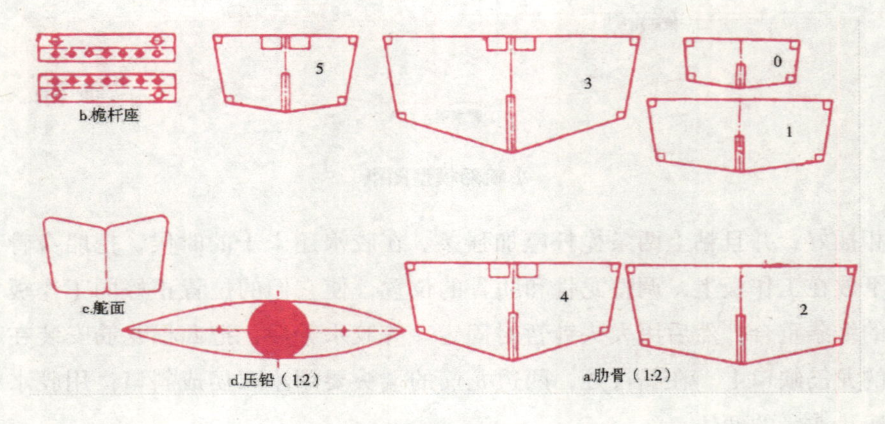

小帆船的制作

压铅的制作

先把图小帆船的制作中的 d 压铅图放大，然后制作压铅阴模，把熔化的铅水浇在阴模上。要浇两次，制作成左右两块压铅。压铅制好后，再在上面打两个孔，用螺丝螺母把压铅固定在稳向板上。

桅杆的制作

桅杆的制作可以分为两步。

第一步先制作桅杆座。用两块长 48 毫米、宽 10 毫米的铁皮做桅杆座，见图小帆船的制作中的 b 部分。在每块铁皮的一侧钻 7 个直径 2 毫米的小孔，另一侧钻两个直径3毫米的小孔，按图中虚线折成直角。然后把两块铁皮紧靠，并且用焊锡焊牢，再用四个木螺丝照图小帆船模型图纸中的b部分把桅杆座固定在甲板上。

第二步是制作桅杆。用长450毫米，截面6×6毫米的松木条做桅杆。先用小刀削去棱角，再用砂纸打磨成上细下粗的圆棒，顶端直径4毫米，底端直径6毫米。找一个内径4毫米的鞋扣做桅帽，套在桅杆顶端，离顶端5毫米用一点儿环氧树脂粘牢。在鞋扣的前后左右各钻一个小孔，按小帆船的制作图纸用来固定支索。找一段内径6毫米、长10毫米的铜管，套在桅杆的底端。用钢锯把铜管连同桅杆底端一起锯出一个5毫米深的缺口，再用手摇钻从左边到右边打一个直径2毫米的小孔。然后插入桅杆座上，用直径2毫米的螺丝螺母把桅杆固定起来，如图小帆船模型图纸中的桅杆座上的7个小孔是用来调整桅杆位置的，使小帆船的重心位置合适，能够平稳地浮在水面上。

用四个羊眼圈分别拧入船首、船尾和桅杆两侧的甲板上。用四根尼龙线做支索，一头绑在桅杆顶上鞋扣的四个孔中，另一头分别绑在前后左右四个羊眼圈上，使桅杆牢固地垂直竖立在甲板上。

帆和驶风杆的制作

桅杆制作完成了，就可以动手制作帆和驶风杆了。制作帆和驶风杆可以分为四步完成。

第一步，制作驶风杆。用长230毫米的竹丝削成直径3毫米的主帆驶风杆。在主帆驶风杆的一端钉入一根大头针，去掉大头针头，把未钉入部分弯成圆环形。用长90毫米的竹丝削成直径2毫米做前帆驶风杆。

第二步，制作主帆和前帆。用白色的确凉布照图小帆船的制作图纸中的尺寸裁剪成主帆和前帆。帆的每边都要留一条宽3毫米的边，再用缝纫机缝边，帆的每个角都要缝一块贴角，使帆更加牢固。用线把主帆的底边绑在主帆驶风杆上。把前帆的底边绑在前帆驶风杆上。

第三步，安装主帆。在离桅杆底端约25毫米处，在后方钉入一根大头针，去掉大头针的头，向下弯一个小钩，把主帆驶风杆一端的圆环挂在小钩上。用线把主帆的垂直边绑在桅杆上，再用线把主帆顶绑在鞋扣上。在主帆驶风杆的另一头，绑上一根尼龙线，尼龙线穿过一个8字形钩后又绑在一个平钩上，平钩再挂在摇臂后面的小孔中。尼龙线的长度可以通过8字形钩调整，最大长度能够使主帆左右偏转90°。当主帆向左偏转的时候，由于尼龙线的牵动，舵面会向左偏转。帆向右偏转，航向会向右偏；舵面向左偏转，航向会向左偏。如果调整得当，这两种作用可以相互抵消，小帆船能够保持直线航行。同样，当主帆向右偏转的时候，也有类似的情况。

第四步，安装前帆。用一根尼龙线穿入前帆斜边的折缝中，一头绑在离桅杆顶1/3处，另一头绑在前帆驶风杆上，再绑在船首的羊眼圈上。在前帆驶风杆的另一头，绑上一根尼龙线，尼龙线穿上一个8字形钩后又绑在一个平钩上，平钩再挂在桅杆座的小孔中。通过8字形钩可以调整尼龙线的长度，尼龙线的最大长度能够使前帆左右偏转90°。根据风向和风力的情况，适当调整主帆和前帆的偏转角，就能使小帆船沿着既定的航向前进。这样一艘小帆船模型就制作完成了。

知识点

桅　杆

桅杆，船上悬挂帆和旗帜、装设天线、支撑观测台的高的柱杆，木质的长圆杆或金属柱，通常从船的龙骨或中板上垂直竖起，可以支撑横桁帆下桁、吊杆或斜桁。轮船上的桅杆用处很多。比如用它装信号灯，挂旗帜、架电报天线等。此外，它还能支撑吊货杆，吊装和卸运货物。

延伸阅读

帆船运动简介

帆船运动是利用自然风作用于船帆上，驾驶船只比赛航速的一项水上运动项目。从事帆船运动可使人体魄强壮，意志坚韧，勇敢果断，身心健康。

帆船运动的历史悠久，最早的竞技记载是在公元前70年，古罗马诗人维基尔在叙事诗《伊尼特》中详细地描述了特洛伊到意大利的一次帆船竞赛活动，并描述了比赛结束后优胜者和参加者的获奖情况。

公元 17 世纪开始，在威尼斯有了定期的大规模的帆船竞赛。18 世纪初在俄罗斯的圣彼得堡创建了世界上第一个帆船俱乐部。到 19 世纪初，现代竞技帆船运动在欧美兴起，这个时期欧洲、美洲各个国家在国内或国际之间举行定期的帆船比赛，其中，有 1870 年美国和英国举行的第一届著名的横渡大西洋的“美洲杯”帆船比赛，此项比赛被美国人称霸一个多世纪，直到 1995 年新西兰才成为第二个“美洲杯”夺冠国家。

由于现代竞技帆船在设计、制造工艺、原材料等方面有较大的差异，为使帆船竞赛公平合理，需要有统一的规定，因此，在 19 世纪初开始成立帆船级别协会和制定级别规则。1900 年帆船运动被列入第二届现代奥运会之后，使这项运动无论是从规模还是从水平上都进入了一个快速发展的时期。特别是从 20 世纪中期开始，帆船运动在世界各发达国家得到了较快发展。

日本是亚洲开展现代帆船运动最早的国家，在 20 世纪 60 年代日本帆船运动协会就制定出竞技帆船长期发展规划，并用了不到十年时间，使其男女选手竞技水平达到了世界先进水平。

我国现代帆船运动是从 1979 年开始的，1980 年后，山东、上海、湖北、广东、江苏等省市相继组建起帆船运动队进行系统专业训练。我国帆船运动员从第九届亚运会和第二十三届奥运会开始参加部分级别的亚洲和世界比赛。我国运动员曾在亚洲比赛中获 470 级和欧洲级冠军，值得骄傲的是，我国选手徐莉佳获 2012 年伦敦奥运会激光镭迪尔级单人赛冠军。

单级轮轴式传动橡筋动力车辆模型制作要点

单级轮轴式传动橡筋动力车辆模型，只用一股橡筋束做动力。它的动力传递滚轮通过一根尼龙牵引线同前车轴连接起来传递动力。这种传动机构中的传动滚轮和车轴不直接接触，是一种“松”啮合。

这种动力传递机构比摩擦轮传动、皮带传动和齿轮传动更简单，是一种容易制作，容易调整，特别适合初学者制作的车辆模型。

结构原理

单级轮轴式传动橡筋动力车辆模型由前轮、前桥、后轮、后桥、传动机构、底盘等组成。前轮是驱动轮，后轮是被动轮。前桥由前轴支架和前轮轴组成，它的作用是连结前轮和底盘。后桥由后轴支架和后轮轴组成，它的作用是连结后轮和底盘。底盘把车辆模型各个部件连成一体。

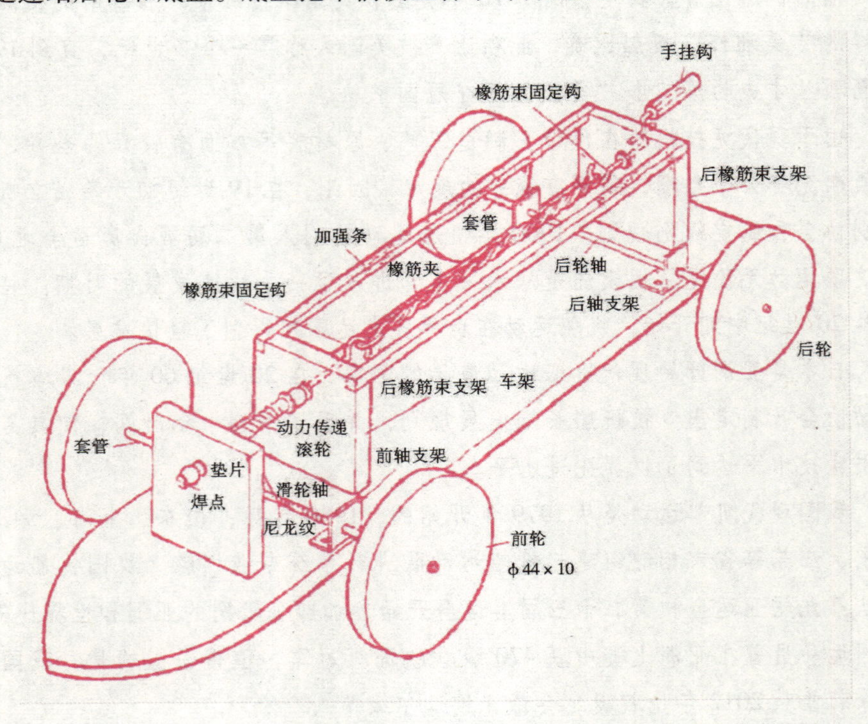

单级轮轴式传动橡筋动力车辆模型实体图

传动机构由动力传递滚轮、前轮轴、尼龙线、橡筋束、手摇柄、前后橡筋束支架等组成。尼龙线的一端固定在前车轴上，另一端固定在动力传递滚轮上，在行车之前把尼龙线缠绕在前车轴上。用手转动手摇柄，使橡筋旋紧，橡筋的扭力就会把动力传递给滚轮旋转，尼龙线逐渐缠绕到动力传递滚轮上，如图轮轴式传动机构动力传递示意图所示。这样就能牵引前车轴旋转，使车辆模型向前行驶。

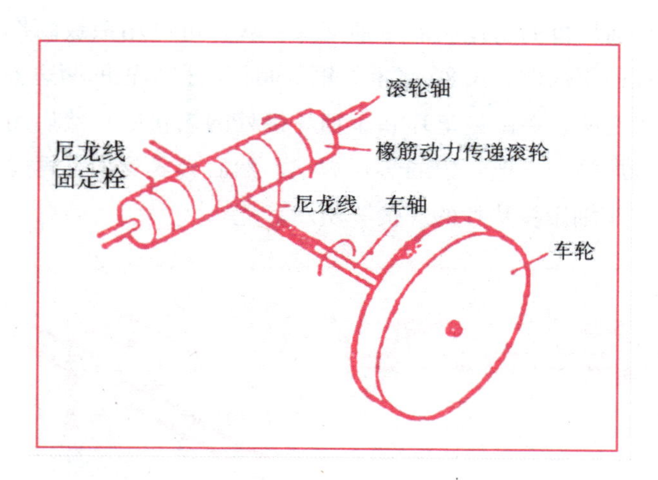

轮轴式传动机构动力传递示意图

零部件的选用和制作

从图“部分零部件的材料和尺寸”中，我们可以看到制作单级轮轴式传动橡筋动力车辆模型所需要的主要材料。下面我们就按步骤来制作。

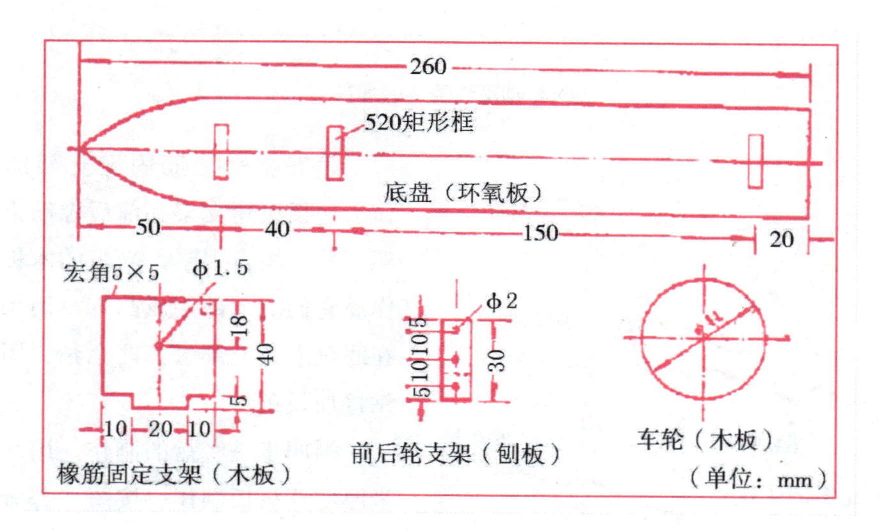

部分零部件的材料和尺寸

第一步是前后轮的选用。共 4 个，采用直径 44 毫米、厚度 10 毫米的玩具车轮。也可以用木板自制。

第二步是前后桥的制作。前后轴支架4块，可以用铝板制作。前后轴共两根，采用直径3毫米、长80毫米的钢丝制作。在车轴的两边各焊上一片定位垫片。焊接之前，要刮去垫片和车轴焊接处的氧化层，然后用氯化锌焊剂从垫片的外侧焊接。先把一边的垫片焊牢，然后套入支架，再焊上另一边的垫片，如图“车轴定位垫片的焊接”所示。

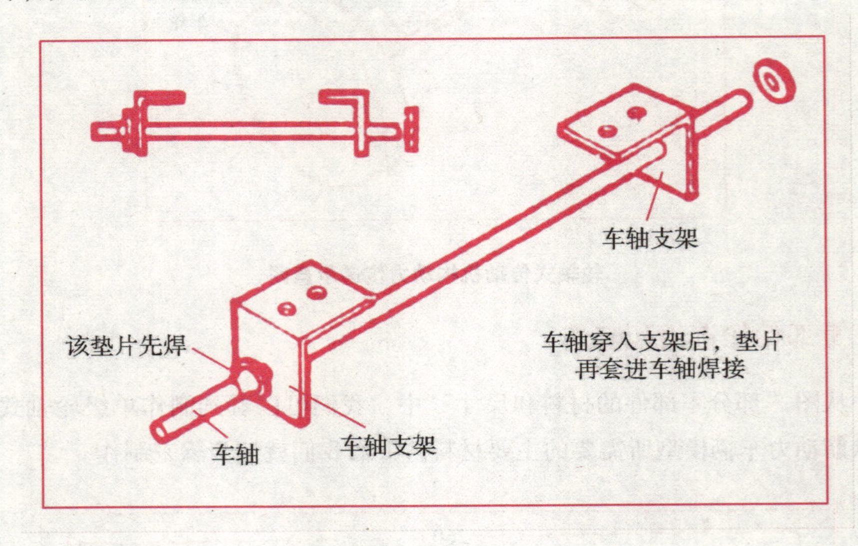

车轴定位垫片的焊接

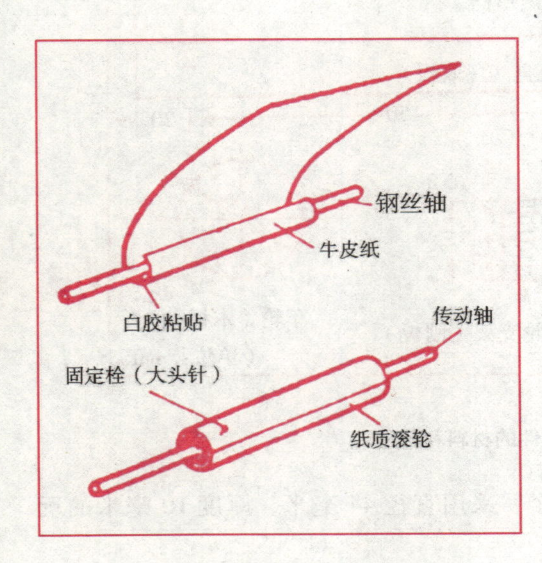

纸质滚轮的制作

第三步是橡筋固定支架的制作。包括滚轮支架和前后橡筋束支架，共3块，用厚5毫米的木板制作。它们的下部制成凸榫，用来安在底盘上；上部去掉两个角，用来粘接加强条。

第四步是底盘的制作。用5毫米厚的环氧板制作，按图“部分零部件的材料和尺寸”所示，开三个槽口。

第五步是动力传递滚轮的制作。可以用圆木棒或者圆塑料棍制作，也可以用牛皮纸制作。用牛皮纸制作的方法是这样的：找一根直径1.5~2毫米的钢丝做滚轮轴，把一张宽35毫米、长600毫米的牛皮纸粘卷在钢丝上，成为直径约10毫米的纸质滚轮，如图纸质滚轮的制作所示。等胶水干固后，在滚轮的一端钉上大头针，作为固定尼龙线的固定栓。

第六步是手摇柄的制作。可以用直径2.5毫米的钢丝弯成。手摇柄轴的一端，套入外侧垫片，并在合适的位置上把外侧垫片焊牢在轴上。再穿过后橡筋束支架轴孔，套入内侧垫片，并且把内侧垫片焊牢。

最后把手摇柄轴长出的部分弯成环形钩，用来挂橡筋束。另一端安上木柄，如图动力传递滚动的安装所示。这样摇动手柄就可以旋绕橡筋束了。另外，还要做一个止动销，并且在后橡筋束支架上钻一个止动销孔。橡筋束上紧后，把止动销插入止动销孔中，就能阻止手摇柄倒转。

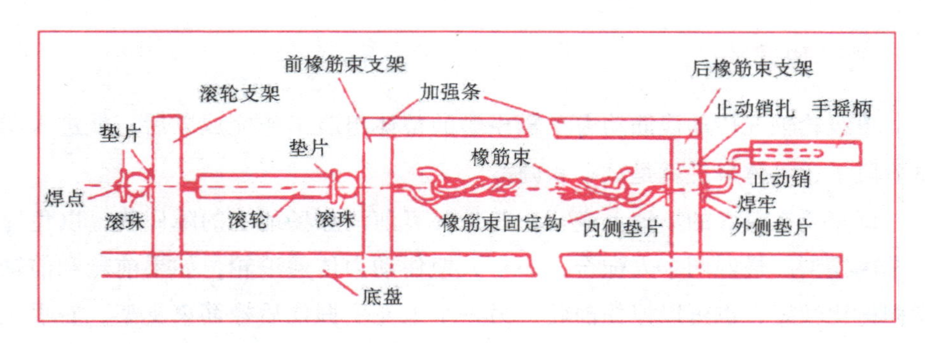

动力传递滚动的安装

整体组装

零部件制作完成以后，就可以进行整体组装工作了。整体组装工作可以分为四个步骤来完成。

第一步是车轮的安装。车轮和车轴要紧固连接。如果车轮轴孔径略小于车轴直径，可以在车轴两端涂些环氧树脂胶水，直接把车轴打入车轮轴孔中。如果车轮轴孔径同车轴直径差不多，可以用锤子敲偏车轴两头，涂些环氧树脂胶水，然后把车轴打入车轮轴孔中。

第二步是前后桥的安装。在底盘上适当位置钻8个孔，为了便于调整行驶方向，孔可以钻得稍大一些。然后用8对直径2毫米的螺丝螺母把前后轴支架固定在底盘上。

第三步是橡筋束支架的安装。把滚轮支架和前后橡筋束支架的底部凸榫涂上白胶水，依次压入底盘的矩形槽中。然后在前后橡筋束支架之间粘接加强条，承受橡筋束的纵向拉力。

第四步是传动机构的安装。滚轮安装在前橡筋束固定支架和滚轮支架之间。安装的时候，滚轮轴前端穿过滚轮支架，并在它上面套入活动垫片、滚珠、固定垫片，用焊锡把固定垫片和滚轮轴前端头焊牢。滚轮轴的后端，先穿过活动垫片、滚珠、活动垫片，再穿过前橡筋固定支架的轴孔，然后把滚轮轴后端弯成环形钩，用来安装橡筋束。这一步骤可以参照图动力传递滚动的安装。

尼龙线的一头扎紧在前车轴上，并用环氧树脂胶水粘牢。等胶水干固后转动前轮使尼龙线缠绕在前车轴上。尼龙线在另一头扎在滚轮的固定栓上。

试车和调整

单级轮轴式传动橡筋动力车辆模型的整体组装工作完成以后，就进入调试阶段了，具体来说就是试车和调整。

试车要在较大的场地上进行，并且要事前清除场地上的障碍物，以免撞坏车辆模型。最好两个人配合，一个人捏住动力传递滚轮，如果前轮和前轴紧固得比较好，也可以捏住前轮；另一个人左手握住后橡筋束支架，右手顺时针摇动手摇柄。为了保护橡筋束，当橡筋束上紧到最大可绕转数的 50% 左右就插上止动销。然后把车辆模型平放在地上，四个车轮要同地面接触好。对准前进方向后松开手，车辆模型就会向前行驶。

如果车辆模型向后倒退，那就是尼龙线在前轴上的缠绕方向反了，只要改变缠绕方向就可以了。如果车辆模型走不直，调整一下前后轴支架就可以解决。如果调整不过来，可以扩大固定支架的孔径，直到纠正过来为止。如果左右两边的轮子直径不等也走不直，这就需要换轮子。

换微型轴承

为了增加车辆模型的行驶距离，可以在滚轮支架和前橡筋束支架的轴孔中嵌装微型轴承。轴孔径最好比轴承外径稍小一些。为了嵌装更牢固，在嵌装之前要在轴承外面涂一点 502 胶水，但要注意 502 胶水不要滴在轴承的钢珠之间。

完成以上工作，我们的单级轮轴式传动橡筋动力车辆模型就制好了。

知识点

尼 龙

尼龙是美国杰出的科学家卡罗瑟斯（Carothers）及其领导下的一个科研小组研制出来的，是世界上出现的第一种合成纤维。尼龙的出现使纺织品的面貌焕然一新，它的合成是合成纤维工业的重大突破，同时也是高分子化学的一个重要里程碑。

延伸阅读

齿轮的分类

齿轮可按齿形、齿轮外形、齿线形状、轮齿所在的表面和制造方法等分类。

齿轮的齿形包括齿廓曲线、压力角、齿高和变位。渐开线齿轮比较容易制造，因此现代使用的齿轮中，渐开线齿轮占绝对多数，而摆线齿轮和圆弧齿轮应用较少。

在压力角方面，小压力角齿轮的承载能力较小；而大压力角齿轮，虽然承载能力较高，但在传递转矩相同的情况下轴承的负荷增大，因此仅用于特殊情况。而齿轮的齿高已标准化，一般均采用标准齿高。变位齿轮的优点较多，已遍及各类机械设备中。

另外，齿轮还可按其外形分为圆柱齿轮、锥齿轮、非圆齿轮、齿条、蜗杆蜗轮 ；按齿线形状分为直齿轮、斜齿轮、人字齿轮、曲线齿轮；按轮齿所在的表面分为外齿轮、内齿轮；按制造方法可分为铸造齿轮、切制齿轮、轧制齿轮、烧结齿轮等。

齿轮的制造材料和热处理过程对齿轮的承载能力和尺寸重量有很大的影响。20 世纪 50 年代前，齿轮多用碳钢，60 年代改用合金钢，而 70 年代多用表面硬化钢。按硬度，齿面可区分为软齿面和硬齿面两种。

软齿面的齿轮承载能力较低，但制造比较容易，跑合性好，多用于传动尺寸和重量无严格限制，以及小量生产的一般机械中。因为配对的齿轮中，小轮负担较重，因此为使大小齿轮工作寿命大致相等，小轮齿面硬度一般要比大轮的高。

硬齿面齿轮的承载能力高，它是在齿轮精切之后，再进行淬火、表面淬火或渗碳淬火处理，以提高硬度。但在热处理中，齿轮不可避免地会产生变形，因此在热处理之后须进行磨削、研磨或精切，以消除因变形产生的误差，提高齿轮的精度。

双轮直接驱动电动车辆模型制作要点

双轮直接驱动电动车辆模型是一辆没有专门传动机构的简易电动车辆模型。它可以采用废旧材料，取材方便，成本低，也适合初学者制作。

结构原理

双轮直接驱动电动车辆模型由前轮、后轮、车架（底盘）和动力装置等组成。它的驱动原理比较简单，两只后驱动轮直接安装在电动机的加长轴上，成为特殊的直接驱动电动车辆模型。因为它没有减速机构，所以具有速度快的特点。前桥采用手动定向机构，行驶

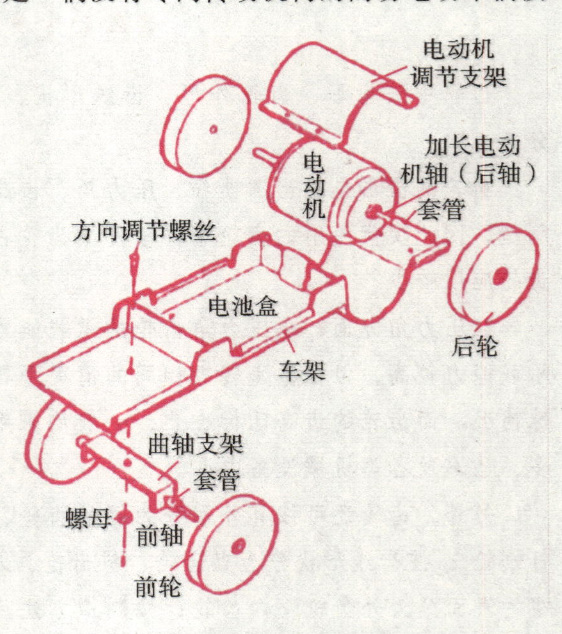

双轮直接驱动电动车辆模型实体图

方向可以任意调节。它是一种适宜进行圆周竞速比赛的车辆模型。

零部件的选用和制作

首先制作车身。取废食品罐头铁皮一张，按图车身的比例尺寸所示来裁剪车身。图车身的比例尺寸所示只是车架的比例尺寸，在实际制作的时候，可以根据所用的铁皮材料有所伸缩。

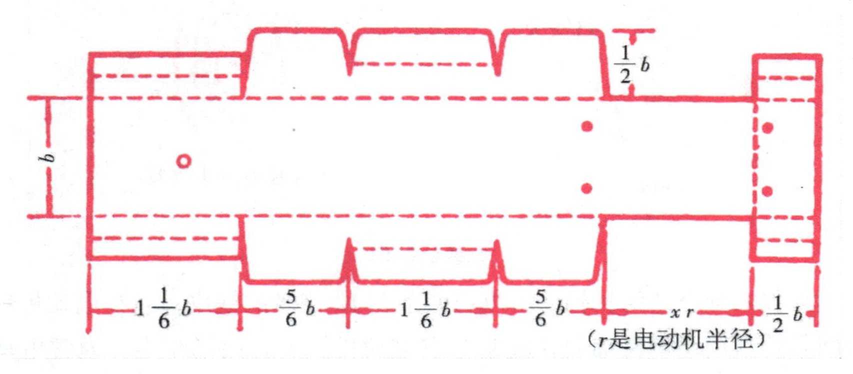

车身的比例尺寸

车身裁剪好以后，可按图双轮直接驱动电动车辆模型实体图所示弯折成型。车身的两边弯成双层，以加强机械强度。车身腰部铁皮朝外下弯成沟槽，便于套橡皮圈紧固电池。电池正极和负极的引发触片必须垫塑料片，以便同车架绝缘，避免造成电池短路事故。

其次是车轮的制作。可以利用废干电池制作。取一号废干电池四节，拆出底部后盖的圆铁片作车轮。在铁片的圆心钻一个同电动机轴一样粗细的轴孔，再剪四块长 93 毫米、宽 5 毫米的铁皮做轮箍，紧紧地箍在圆铁皮周围，用锡焊牢。为了便于轮箍的焊接，可按图车轮的制作所示剪一个圆环作为固定夹具，旋紧夹具螺丝，使轮箍紧固在圆铁片上再焊接。

车轮焊好后在轮箍外贴一层胶布，剪一段 5 毫米宽的自行车内胎，套箍在胶布外面，以增加车轮和地面间的摩擦力。

最后是电动机轴的加长。两只后驱动轮是直接安装在电动机轴上的，由于电动机轴较短，所以必须加长。把电动机拆开，取出转子，用锤子轻轻敲击电动机轴，待电动机轴松动后，用顶针把原轴顶出，换上直径 2 毫米的钢丝加长轴，再把电动机装好。然后在电动机轴两端安装后驱动轮。

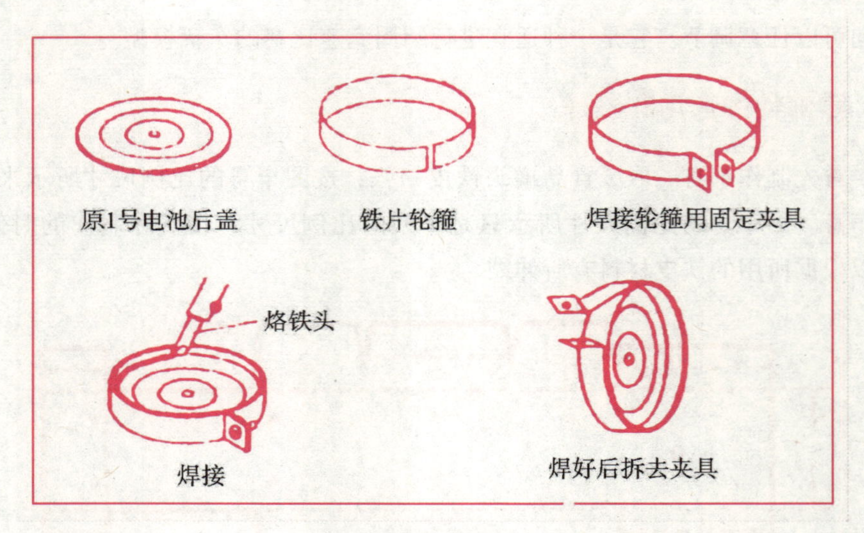

车轮的制作

如果找不到合适的长轴，可以剪两条宽 12 毫米的铁皮，包在电动机轴上卷成圆套管，用钳子夹细后，紧紧套在电动机轴上，用锡焊牢。通常电动机轴两端长短不等，可轻敲较长的一端，使轴两端一样长，然后再套接套管。

整体组装

零部件制作完毕后就可以进行整体组装工作了。整体组装工作可以分三步来完成。

第一步是安装前桥。用一段直径 2 毫米的自行车旧辐条做前轮轴，穿入前轮支架轴孔。在支架外侧套进定位套管，再安装车轮。车轮是铁质的，所以可以直接焊接。然后用直径 3 毫米的螺丝螺母，把前轮支架固定在车架上。

第二步是安装电源。电源可根据电池盒的容积，决定使用两节一号电池还是两节二号电池。用橡皮圈把电池捆在车身腰部的沟槽里。电池正、负极接触片最好选用富有弹性的磷铜片制作。电流的通断可以在任一个电极和磷铜片之间，通过拔出或插入绝缘塑料片来控制。

第三步是安装电动机。电动机放在车身后部的凹槽里，上面盖有电动机固定支架，用 4 对直径 2 毫米的螺丝螺母把电动机紧固在车架上。

调整

整体组装工作完成后，我们的双轮直接驱动电动车就制作完成了。我们制作的模型能够驰骋赛场吗？调试一下就知道了。

双轮直接驱动电动车车辆模型只要电动机运转正常，一般不用调整。但是，如果用它来进行圆周竞速比赛，需要调整前轮支架对底盘的位置。如果车辆模型在直径1.5～2米的赛场行驶，前桥应调整12°左右。

为了保证车辆模型能平稳地做圆周快速行驶，外侧车轮的直径必须大于内侧车轮直径。这只要在外侧车轮上多套箍几层自行车内胎就行了。如果用泡沫塑料制成具有锥度的宽边车轮，做圆周行驶的效果就会更理想。

干电池

干电池属于化学电源中的原电池，是一种一次性电池。因为这种化学电源装置其电解质是一种不能流动的糊状物，所以叫作干电池，这是相对于具有可流动电解质的电池说的。干电池不仅适用于手电筒、半导体收音机、收录机、照相机、电子钟、玩具等，而且也适用于国防、科研、电信、航海、航空、医学等国民经济中的各个领域。

电动机的发明

电动机使用了通电导体在磁场中受力的作用的原理，发明这一原理的是丹麦物理学家奥斯特。1812年他最先提出了光与电磁之间联系的思想，发现如果电路中有电流通过，它附近的普通罗盘的磁针就会发生偏转。英国物理学家法拉第从中得到启发，认为假如磁铁固定，线圈就可能会运动。根据这种设想，他成功地发明了一种简单的装置。在装置内，只要有电流通过线路，线路就会绕着一块磁铁不停地转动。事实上法拉第发明的是第一台电动机，是第一台使用电流将物体运动的装置。虽然装置简陋，但它却是今天世界上使用的所有电动机的祖先。

这是一项重大的突破。只是它的实际用途还非常有限，因为当时除了用简陋的电池以外别无其他方法发电。

蜗轮蜗杆传动电动车辆模型制作要点

蜗轮蜗杆传动的电动车辆模型是一种结构较为复杂的车辆模型，制作起来有一定的难度。蜗轮蜗杆机构，是一种大幅度的减速传动机构。车辆模型用这种传动机构，可以获得较大的减速比，能够使驱动轮获得较大的扭力。

结构原理

蜗轮蜗杆传动电动车辆模型由前轮、后轮、前桥、后桥、电动机、蜗轮、蜗杆、底盘等部分组成。前轮是被动轮，后轮是驱动轮，前桥和后桥分别把前后轮同底盘连接起来。

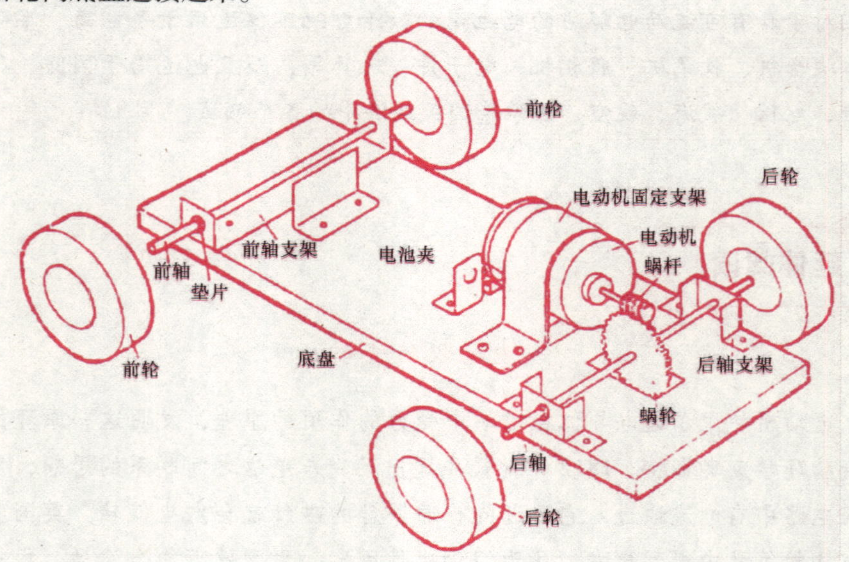

蜗轮蜗杆传动电动车辆模型实体图

这辆车辆模型的动力传递方式同单级齿轮传动橡筋动力车辆模型类似。不同的是，它以蜗杆带动蜗轮实现减速传动。蜗轮蜗杆动力传递机构的特点是蜗杆转一圈，蜗轮转一齿，如图蜗轮蜗杆传动的特点中所示。

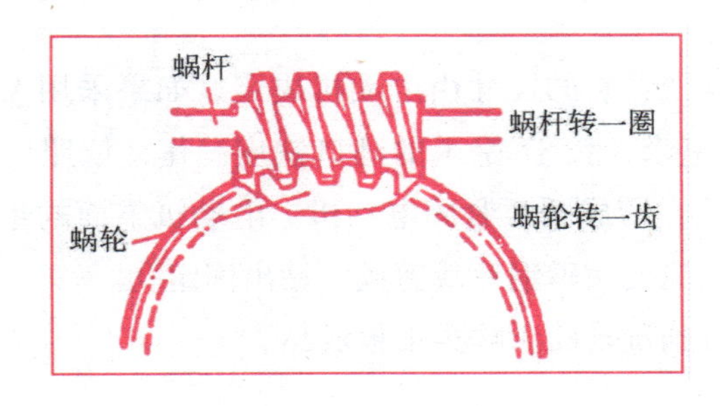

蜗轮蜗杆传动的特点

零部件的材料选用和制作

蜗轮蜗杆传动电动车辆模型部分零部件的材料选用和尺寸如图所示。

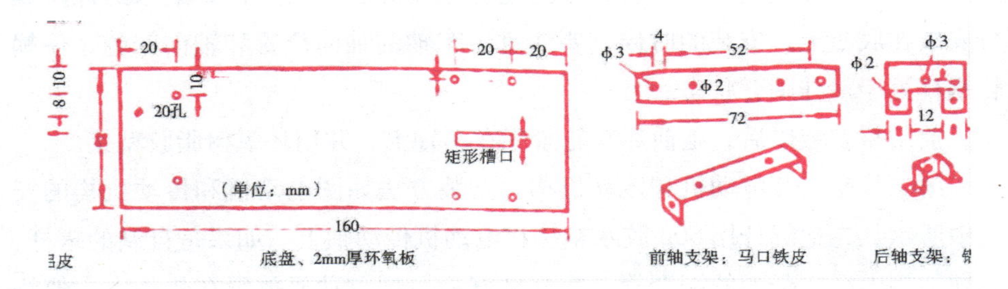

零部件的材料选用和尺寸

前后轮：采用直径44毫米、厚度10毫米的玩具车轮。

底盘：采用厚2毫米、宽52毫米、长160毫米环氧板。按图零部件的材料选用和尺寸中所示的位置钻六个直径2毫米的固定孔，并且开出安装蜗轮的矩形槽口。开槽口可以先用手摇钻钻一条槽沟，再用什锦锉锉成。

前桥和后桥：前后轴支架按图零部件的材料选用和尺寸中所示裁剪后，先钻直径2毫米的固定孔，然后按虚线弯折成。前后轮支架上的轴孔一定要打准，以保证底盘弯折后两个轴孔在一条轴线上。

前后车轴采用两根直径3毫米、长84毫米的钢材制作。前轴安装比较简单，把前车轴穿入前轮支架的轴孔内，并且在车轮支架的外侧1.5毫米处各焊上一片车轴定位垫片就可以了。后轴安装必须注意先后顺序，后轴先穿进蜗轮，用502胶水把蜗轮紧固在后轴中，再由轴的两端穿入两只后轴支架，找好位置把后轴支架固定在底盘上，然后在支架外侧离轴两端7毫米处焊一片车轴定位垫片。

电动机固定支架：它的尺寸由电动机决定。如果采用WZY—131型电动机，可以用宽15毫米、长87毫米的马口铁皮制作，依照尺寸在两端钻出直径3毫米的固定孔，弯成圆弧紧固电动机。电动机下面的垫板采用5毫米厚的松木条制作。电池夹用磷铜片裁剪成，钻出固定孔。

蜗轮、蜗杆可到玩具商店购买市售成品。

安装

零部件准备完毕，就可以进行组装工作了。组装工作可以分为两个步骤来完成。

第一步是安装前后桥。前后桥的组件制作好后，用直径2毫米的螺丝螺母安装在底盘上。安装的时候，要注意后车轴的轴向位置和轴向间隙，使蜗轮蜗杆处于最佳啮合状态。

前后桥安装以后，把前后车轮紧固在车轴上，并用环氧树脂胶粘接。

第二步是安装电动机和传动机构。安装方法如图电动机和传动机构的安装中所示。先把蜗杆用502胶水粘接在电动机传动轴上。如果是自制的蜗杆，必须加接内径2毫米的铜套管。蜗杆粘好后，把电动机放置在垫板上，使蜗杆同后车轴上的蜗轮啮合，它们的最佳啮合状态是：蜗杆跟蜗轮水平相切，并且蜗杆中部同蜗轮上缘轮齿恰啮合。位置确定后就可把电动机安装在底盘上了。

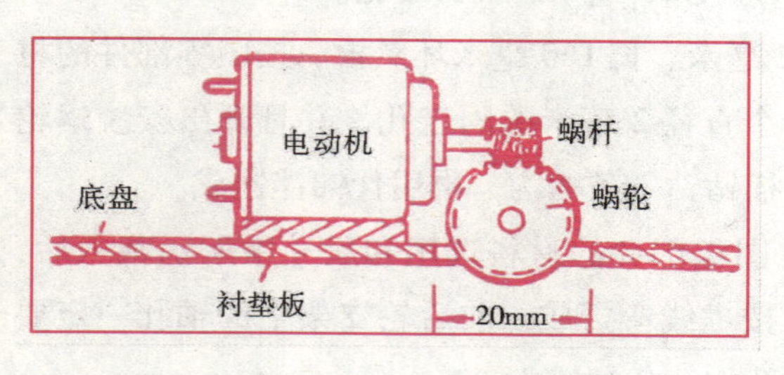

电动机和传动机构的安装

最后安装好电池夹和电源开关。

安装完成后，应对车辆模型进行适当调整。行车方向的调整可以通过改变前桥安装位置来实现。蜗轮、蜗杆啮合状态，可以移动电动机前后位置和改变垫板厚度来调节。

调整完成后，我们的车辆模型就完成了。这种车辆模型，可以用来进行30米直线竞速比赛。

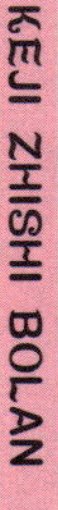

马口铁

马口铁又叫镀锡铁。马口铁是电镀锡薄钢板的俗称，是指两面镀有纯锡的冷轧低碳薄钢板或钢带。锡主要起防止腐蚀与生锈的作用。它将钢的强度和成型性与锡的耐蚀性、锡焊性和美观的外表结合于一种材料之中，具有耐腐蚀、无毒、强度高、延展性好的特性。

蜗轮蜗杆常识

蜗轮蜗杆机构常用来传递两交错轴之间的运动和动力。蜗轮与蜗杆在其中间平面内相当于齿轮与齿条，蜗杆又与螺杆形状相似。

机构的特点

1. 可以得到很大的传动比，比交错轴斜齿轮机构紧凑。

2. 两轮啮合齿面间为线接触，其承载能力大大高于交错轴斜齿轮机构。

3. 蜗杆传动相当于螺旋传动，为多齿啮合传动，故传动平稳、噪音很小。

4. 具有自锁性。当蜗杆的导程角小于啮合轮齿间的当量摩擦角时，机构具有自锁性，可实现反向自锁，即只能由蜗杆带动蜗轮，而不能由蜗轮带动蜗杆。如在其重机械中使用的自锁蜗杆机构，其反向自锁性可起安全保护作用。

5. 传动效率较低，磨损较严重。一方面，蜗轮蜗杆啮合传动时，啮合轮齿间的相对滑动速度大，故摩擦损耗大、效率低。另一方面，相对滑动速度大使齿面磨损严重、发热严重，为了散热和减小磨损，常采用价格较为昂贵的减摩性与抗磨性较好的材料及良好的润滑装置，因而成本较高。

6. 蜗杆轴向力较大。

蜗轮及蜗杆机构常被用于两轴交错、传动比大、传动功率不大或间歇工作的场合。

橡筋伞翼模型飞机制作要点

橡筋伞翼模型飞机是伞翼模型飞机的一种。它以橡筋为动力，带动螺旋桨旋转产生拉力，使模型飞机在空中飞行。伞翼机的结构看起来很原始，很简陋，可它是近年来兴起的新机种，很多人对它很陌生也因此产生了浓厚的兴趣。如 1992 年第一届和 1995 年第二届的“飞向北京”全国青少年航空模型比赛，伞翼模型飞机就是指定机型。

伞翼模型飞机的特点

一般模型飞机采用刚性机翼，展弦比较大。而伞翼模型飞机则采用软翅结构，展弦比很小的三角形机翼，或是采用像伞翼一样的充气式软机翼。一般模型有尾翼，而伞翼模型没有尾翼，属于飞翼类型。

从空气动力角度看，由于是软翅（或软翼）和小展弦比，伞翼的空气动力性能不如常规机的机翼。升阻比一般只有常规机翼的一半左右，效率是很低的。但是伞翼失速推迟，临界迎角比常规机翼的大一倍，甚至更多，使得最大升力系数较大，所以平飞时需要速度也大大降低；而且由于它结构简单，重量轻，使翼载荷大大减小。它拆装简单，重量轻，运输方便，因此在低速度、短跑道作业领域内显示出独特的优越性。故诸如悬挂滑翔、动力伞等这类机型，近年来发展很快。

概括地说，伞翼模型飞机在空气动力方面有三个突出的特点。

第一，方向平衡和方向安定性。

机翼阻力形成的方向力矩决定于左右机翼的对称性。对称时方向力矩平衡，不对称则方向力矩不平衡。下面实例中讲的伞翼模型飞机就是用调整左右机翼不对称来改变方向力矩的。

拉力线如果有左（右）倾角，也会影响左（右）的方向力矩。

常规的模型飞机的方向安定性主要靠垂直尾翼来保证，但有的伞翼机没有尾翼，因此方向安定性依赖于机翼的后掠角。如后掠角过小，将导致方向安定性不足。

第二，横侧平衡和横侧安定性。

右旋螺旋桨会产生使模型向左的滚转力矩。这个力矩对橡筋伞翼模型来说十分强劲。橡筋重量越大，相同重量的橡筋束越短，反作用力矩越大。

左右机翼面积不等（或不对称）会使升力不等而形成滚转力矩。常规模型主要靠机翼的上反角保证横侧安定性，而三角形伞翼基本上没有上反角，其横侧安定性来自两个因素：一个因素是机翼的后掠角。但后掠角的横侧安定作用远不如上反角。一般认为10度后掠角还不能保证足够的横侧安定性。另一个因素是低重心。这类模型的机翼高出机身，好像人们打伞一样，所以就叫“伞翼”。重心在侧压中心以下的相当距离上，侧滑时就会产生较大的恢复力矩。同时类似于“重摆”的作用，倾斜时重心升高后有回复到气动中心下方的趋势，也起到了横侧安定的作用。

第三，俯仰平衡和俯仰安定性。

常规模型飞机的俯仰平衡是由机翼和水平尾翼对于重心的力矩来决定的。而有的伞翼机没有水平尾翼，它的俯仰平衡主要由重心与压力中心相对位置来确定，即重心要在迎力的延长线上。重心靠前将导致迎角减小直到俯冲；重心靠后将导致迎角加大直到失速。

常规模型的俯仰安定性主要由水平尾翼来保证。一般伞翼机靠低重心和机翼的后掠角来保证。常规机翼一般是不安定的，即迎角增大时压力中心前移。伞翼机的伞翼后掠角较大，翼尖部分的位置相对后移，可起到类似水平尾翼的作用。或者说由于机翼后掠改变了整个机翼压力中心移动的规律，即迎角增加时压力中心后移，迎角减小时压力中心前移。低重心的俯仰安定作用和横侧安定作用相同，也类似重摆的作用。

模型飞机的制作

下面我们就以“希望号”伞翼模型为例，来讲一讲伞翼模型的制作。

“希望号”伞翼模型飞机是工厂生产的套材，模型飞机所用材料都已配齐，只需要按图检查一下，材料是否齐全良好即可。如果自己准备材料，需要按图所注明的材料和规格尺寸准备好才能制作。

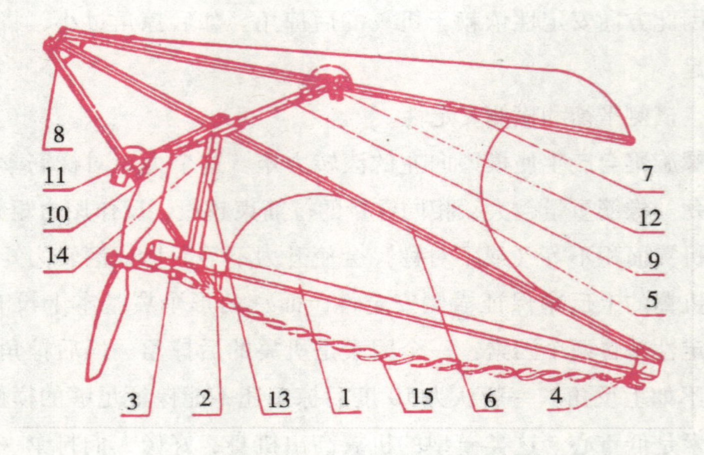

“希望号”模型伞翼飞机完成图

1. 机身，桐木，4×6×280（单位为毫米，下同）；
2. 立柱底座，塑料；
3. 机头（包括螺旋桨），塑料；
4. 机尾（代尾钩），塑料；
5. 翼膜，塑料模（见翼膜展开图）；
6. 纵梁，竹丝，2×350；
7. 前椽，竹丝，2×300；
8. 三接头，塑料；
9. 横梁，桐木，3×3×150；
10. 中卡，塑料；
11. 小橡筋圈，橡筋；
12. 边卡，塑料（两件）；
13. 立柱，桐木，3×3×50；
14. 立柱上套，塑料；
15. 动力橡筋，1×1×1800。

按照上图及图注检查材料，材料齐备就可以动手组装了。组装“希望号”伞翼模型飞机需要四步来完成。

第一步，组装机身。

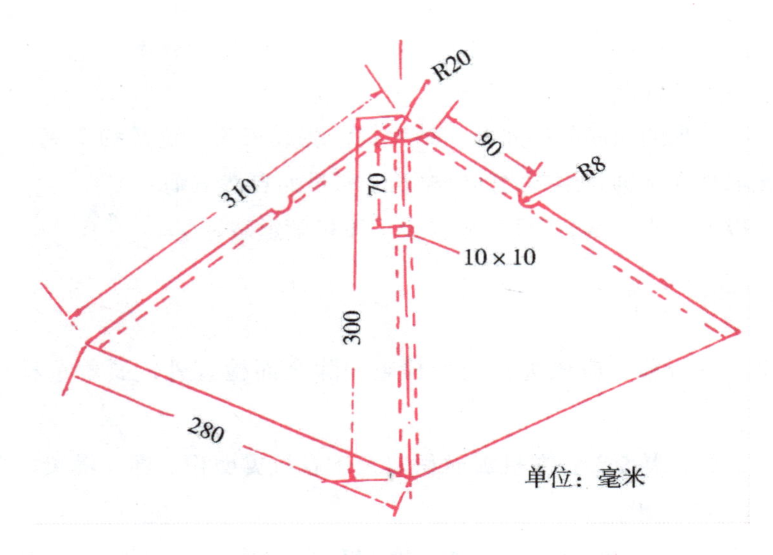

翼膜展开图

先将立柱底座穿在机身上；再将机头插在机身一头；然后将机尾插在机身另一头。

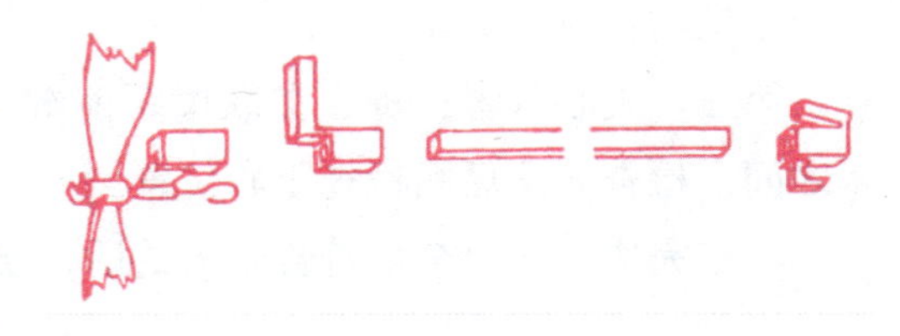

组装机身图

组装机身时应当注意，所有插接配合松紧要合适，既能牢固定位，又能手拔出或移动。如木条稍粗可用砂纸轻磨。如木条稍细，可在接插处粘一层纸，纸的厚度要适当。

第二步，组装机翼。

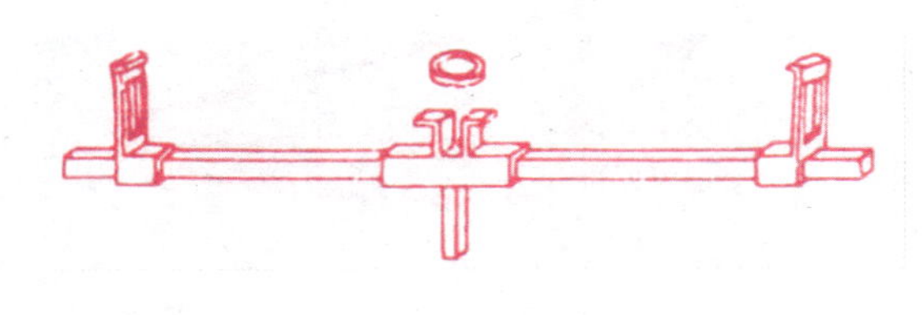

组装机翼横梁图

先将翼膜开口；用刀剪开出 R20、R8 和 10 × 10 方孔；将纵梁、前椽穿在翼膜上，接上三接头；将中卡穿在横梁的中部，边卡穿在横梁两端；成为横梁组件；将翼面的纵梁（10×10 的开口处）卡在中卡开口内，用小橡筋圈锁紧开口；边卡穿过翼面 R8 开口处，将前椽横压在横梁上用边卡卡住。

第三步，整机组装。

首先将纵梁与机尾连接起来；然后，调整立柱底座的位置，将立柱插在立柱座上。利用立柱上套，将伞翼上的中卡和立柱上端连在一起，完成整机组装。

第四步，装橡筋。

将长 1.8 米的橡筋两端并合，结死扣，绕成三圈，重量约 2 克；将绕成三圈的橡筋挂在桨轴和尾钩之间，略长于机身而自然下垂。

完成以上四步，“希望号”伞翼模型飞机就组装好了。

模型的调整和试飞

模型在飞行前，应该进行全面检查。除全面检查外，要着重检查以下三点：

第一，左右翼面差：左机翼面积应大于右机翼面积。即：横梁左侧大于右侧约 10 ~ 15 毫米。

第二，拉力线：螺旋桨一般须 5 度左右的右倾角。用目测法，从机身下方看桨轴与机身的夹角。

第三，重心位置：重心在纵梁距前端（包括塑料部分）约 140 ~ 150 毫米之间。检查方法见图检查重心位置。

检查完毕，如果全部符合要求的话，就可以试飞了。首先可以手掷试飞。

手掷方法：手拿机身中部，模型保持水平，以适当的角度，沿机身平行方向掷出，见图手掷试飞方法。

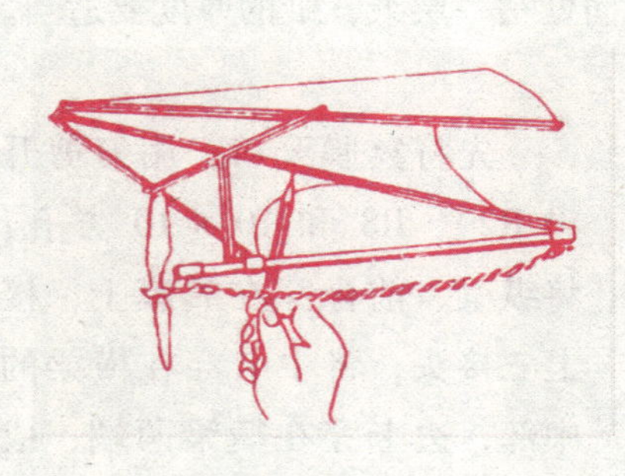

检查重心位置

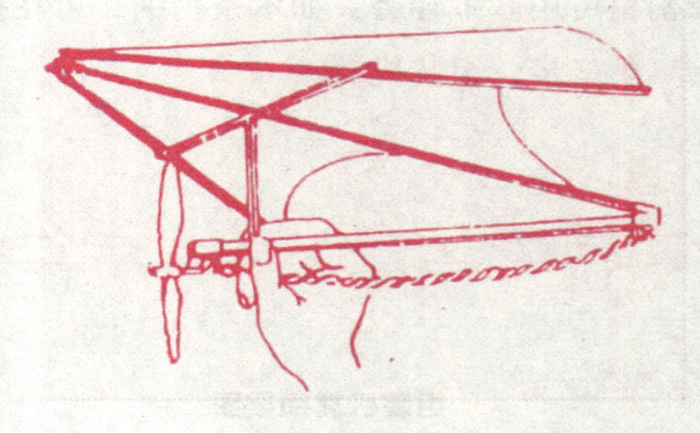

手掷试飞方法

正确姿态按前面讲的方法掷出后，模型缓慢滑翔向右转弯。不正常姿态常有以下四种：

第一，俯冲。这是重心太靠前造成的。可以前移机翼、加大机翼安装角，或者机尾加配重使重心后移，也可减轻机头部分重量使重心后移。

第二，失速。这是重心太靠后造成的。纠正方法与前者（俯冲）相反。

第三，直线滑翔成左转弯。这是左右翼面差不足造成的。可以用向右移动横梁中卡的方法来纠正。

第四，左、右急转下冲。这是左右翼面差太大造成的。可以移动横梁中卡，减小左右翼面差。

在手掷试飞达到正确的滑翔姿态后可进行动力试飞。

动力试飞的时候，绕橡筋方法左手捏机头，右手指沿顺时针方向连续转动螺旋桨，转数从少到多，一般可分为 150、200、250 转。

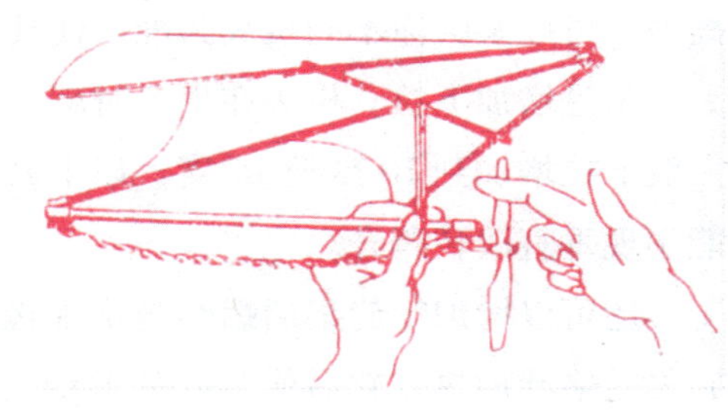

绕橡筋的方法

出手方法：右手拿机身中部，左手捏螺旋桨。稍有些左侧风，机翼向右倾斜，机头向上约 45 度掷出。翼面要处于冲气上鼓状态。

正常状态模型出手后，先右旋后左旋爬升，或是先左旋后右旋爬升。

不正常状态常有：拉翻或失速，这是右拉或翼面差不足造成的；左旋下，主要是右拉太小，翼面差太小造成的；右旋下，主要是右拉太大，翼面差太大造成的。

提高留空时间的方法

模型飞机组装、调整好以后，按照前面讲的方法和要点去飞，一般都能飞行 10 秒以上。但这样的飞行时间总觉得太少，不过瘾，都想飞得时间再长些才好。为了达到这一目的，可试用以下办法去实践。

第一个方法是增加爬升高度，即大速度垂直滚转爬升的方法。

增加橡筋重量一般增到 3 ~ 5 克之间。加长橡筋束长度，一般为300 ~ 350 毫米，使动力时间（螺旋桨转动时间）加长，一般绕 500 ~ 550 转时动力时间约为 30 秒。此时释放能量柔和缓慢。高转数用的橡筋要清洗并涂上润滑油，必须用手摇器且将橡筋束拉伸后才能摇到高转数。

但要注意，绕转数的多少要看所用橡筋的质量，因此开始时不要一下就绕到最高转数，可逐渐递增，试着绕。不然橡筋束容易断。

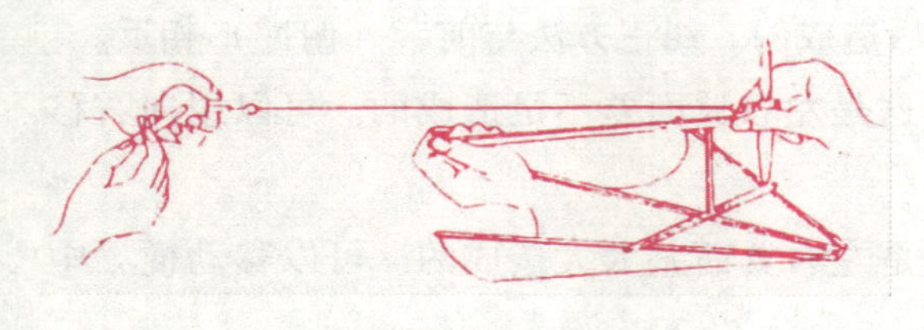

用手摇器绕橡筋的方法

橡筋重量的增加，意味着能量增加，爬升速度也会增加，伞翼所产生的抬头力矩也会随之增加，会造成模型拉翻，这样就不可能实现垂直滚转爬升的目的。解决的办法有三个：首先是增加螺旋桨的右拉，利用右转弯克服拉翻现象；其次是尽量降低立柱高度，可以桨尖撞不到机翼为准，使其尽量减小安装角，从而减小抬头力矩；另一个是增加下拉。机头在生产时就已经有了5度左右的下拉，但这还不够，一般下拉增加到10度至15度。以上几个方法要配合使用，单一方法往往不能实现垂直滚转爬升。

还可以增加螺旋桨的螺距与增加橡筋重量后的能量相匹配。办法是将螺旋桨的桨叶加热变软后使桨叶的前缘向上，后缘向下扭，以加大桨叶角。但要注意两桨叶冷却定型后的桨叶角要相同，防止螺旋桨高转速工作中出现不平衡。桨叶角增加的大小，要看当时使用的橡筋的质量。所以，可多改几支桨叶角不同的桨，经过试验，确定那支桨与那些橡筋相匹配。总之，应尽量避免大马拉小车或小马拉大车的现象。

以上几个方面的改变都是相互关联的，要协调好，缺一不可。其目的都是要达到模型出手时机头向上，使模型垂直滚转着急速上升，随着橡筋能量的释放，模型会由垂直滚转上升逐渐变为大角度、小半径盘旋上升直到改成平飞，达到最大的高度。

第二个方法是减小滑翔飞行时的下沉速度，即增加滑翔时间。

为了使模型能正常滑翔，要特别注意调整好重心位置，避免波状飞行。因橡筋束这时比机身长，要将橡筋束的两头与机头和机尾固定好，不得有脱落，以避免改变正常滑翔状态，影响留空时间。

尽量增加有效升力面积，适当减小后掠角。减小空气阻力，如翼的开口和开洞要尽量小，各部件表面要打磨光滑等。

以上增加爬升高度、减小滑翔时的下沉速度的各种方法，都是互相关联的。模型本身的制作好坏有别，外部气候条件瞬息万变，要求模型要有“吃热气流”的性能。所以必须通过自己开动脑筋，耐心实践，细心调整，才能达到飞得高、飞得时间长的目的。

知识点

重　心

一个物体的各部分都要受到重力的作用。从效果上看，我们可以认为各部分受到的重力作用集中于一点，这一点叫作物体的重心。

物体重心位置及确定。物体的重心位置，质量均匀分布的物体（均匀物体），重心的位置只跟物体的形状有关。有规则形状的物体，它的重心就在几何中心上，例如，均匀细直棒的中心在棒的中点，均匀球体的重心在球心，均匀圆柱的重心在轴线的中点。不规则物体的重心，可以用悬挂法来确定，物体的重心，不一定在物体上。

延伸阅读

飞机的分类

飞机不仅广泛应用于民用运输和科学研究，还是现代军事里的重要武器，所以又分为民用飞机和军用飞机。

民用飞机除客机和运输机以外还有农业机、森林防护机、航测机、医疗救护机、游览机、公务机、体育机、试验研究机、气象机、特技表演机、执法机等。

飞机还可按组成部件的外形、数目和相对位置进行分类。

按机翼的数目，可分为单翼机、双翼机和多翼机。按机翼相对于机身的位置，可分为下单翼、中单翼和上单翼飞机。

按机翼平面形状，可分为平直翼飞机、后掠翼飞机、前掠翼飞机和三角翼飞机。

按水平尾翼的位置和有无水平尾翼，可分为正常布局飞机（水平尾翼在机翼之后）、鸭式飞机（前机身装有小翼面）和无尾飞机（没有水平尾翼）；正常布局飞机有单垂尾、双垂尾、多垂尾和V型尾翼等型号。

按军事用途可分为战斗机、轰炸机、攻击机、拦截机。

按推进装置的类型，可分为螺旋桨飞机和喷气式飞机。

按发动机的类型，可分为活塞式飞机、涡轮螺旋桨式飞机和喷气式飞机。

喷气式飞机按发动机的数目，可分为单发飞机、双发飞机和多发飞机。

按起落装置的类型，可分为陆上飞机、水上飞机和水陆两用飞机。

还可按飞机的飞行性能进行分类：

按飞机的飞行速度，可分为亚音速飞机、超音速飞机和高超音速飞机。

按飞机的航程，可分为近程飞机、中程飞机和远程飞机。